卫星通信与 STK 仿真学习指导

高丽娟　代健美　陈　龙　李　炯　李金城　编著

北京航空航天大学出版社

内 容 简 介

本书是与《卫星通信与STK仿真》配套的学习指导书,从概述、卫星轨道、地球站、通信卫星、卫星链路、卫星通信体制、卫星激光通信、卫星移动通信等不同方面对卫星通信的重点知识进行总结归纳,开展习题讲解并配有不同类型的自测练习题,帮助读者巩固所学卫星通信知识。

本书可作为高等院校电子信息类专业本科生与研究生的参考书目,也可供相关专业科研与技术人员参考。

图书在版编目(CIP)数据

卫星通信与 STK 仿真学习指导 / 高丽娟等编著. --
北京 : 北京航空航天大学出版社,2024.1
    ISBN 978 - 7 - 5124 - 4331 - 0

Ⅰ. ①卫… Ⅱ. ①高… Ⅲ. ①卫星通信-计算机仿真
Ⅳ. ①TN927

中国国家版本馆 CIP 数据核字(2024)第 006852 号

卫星通信与 STK 仿真学习指导

高丽娟　代健美　陈　龙　李　炯　李金城　编著
策划编辑　刘　扬　　责任编辑　孙玉杰

*

北京航空航天大学出版社出版发行

北京市海淀区学院路 37 号(邮编 100191)　http://www.buaapress.com.cn
发行部电话:(010)82317024　传真:(010)82328026
读者信箱: qdpress@buaacm.com.cn　邮购电话:(010)82316936
北京九州迅驰传媒文化有限公司印装　各地书店经销

*

开本:710×1 000　1/16　印张:9.25　字数:176 千字
2024 年 1 月第 1 版　2024 年 6 月第 2 次印刷
ISBN 978 - 7 - 5124 - 4331 - 0　定价:49.00 元

前　　言

　　卫星通信是电子信息类专业的重要专业课程。本书是与《卫星通信与 STK 仿真》配套的学习指导书。编写本书的目的是帮助读者深入了解卫星通信与 STK 仿真的重点知识，提高其思考问题、分析问题的能力，并开展卫星通信相关知识多种题型的练习。

　　全书共 8 章，内容包括概述、卫星轨道、地球站、通信卫星、卫星链路、卫星通信体制、卫星激光通信和卫星移动通信。每章包括内容总览、学习要点、习题讲解 3 个部分，各章后面附有自测练习，书后附有自测练习的参考答案。内容总览以思维导图的形式给出每章应掌握的基本内容；学习要点总结每章的知识点和重点内容；习题讲解结合重要的知识点给出解题思路和要点分析，帮助读者加深对重点内容的理解；练习题目涉及每章重点知识，涵盖填空题、选择题、判断题、简答题和计算题等题型。

　　本书第 1 章、第 2 章、第 8 章由高丽娟撰写，第 3 章、第 6 章由李炯撰写，第 4 章、第 5 章由代健美撰写，第 7 章由陈龙撰写，参考答案由李金城撰写。

　　本书的编写和出版得到了唐晓刚、刘力天、李长青、于凤坤老师的大力支持，在此一并表示衷心的感谢。在编写本书过程中参考了相关文献，对参考文献的作者致以诚挚的谢意。

　　由于编者水平有限，书中难免存在疏漏和错误之处，敬请读者批评指正。

编者

2023 年 2 月

目　　录

第1章　概　述 ……………………………………………………………… 1

1.1　内容总览 ……………………………………………………………… 1

1.2　学习要点 ……………………………………………………………… 2

1.2.1　基本情况 ………………………………………………………… 2

1.2.2　工作频率 ………………………………………………………… 3

1.2.3　主要特点 ………………………………………………………… 4

1.2.4　主要参数 ………………………………………………………… 4

1.2.5　STK 仿真软件 …………………………………………………… 6

1.3　习题讲解 ……………………………………………………………… 6

自测练习 ………………………………………………………………… 8

第2章　卫星轨道 ……………………………………………………………… 10

2.1　内容总览 ……………………………………………………………… 10

2.2　学习要点 ……………………………………………………………… 11

2.2.1　卫星运动规律 …………………………………………………… 11

2.2.2　轨道分类 ………………………………………………………… 13

2.2.3　轨道参数 ………………………………………………………… 15

2.2.4　卫星的星下点 …………………………………………………… 15

2.2.5　卫星轨道与 STK 仿真 …………………………………………… 17

2.3　习题讲解 ……………………………………………………………… 20

自测练习 ………………………………………………………………… 26

第3章　地球站 ………………………………………………………………… 29

3.1　内容总览 ……………………………………………………………… 29

3.2　学习要点 ……………………………………………………………… 30

3.2.1　概　述 …………………………………………………………… 30

3.2.2　地球站组成 ……………………………………………………… 31

3.2.3　地球站选址和布局 ……………………………………………… 34

3.2.4　地球站与 STK 仿真 ……………………………………………… 35

3.3　习题讲解 ……………………………………………………………… 38

自测练习 ·· 42

第 4 章　通信卫星 ·· 45

4.1　内容总览 ··· 45

4.2　学习要点 ··· 46

4.2.1　有效载荷 ··· 46

4.2.2　卫星平台 ··· 50

4.2.3　典型通信卫星 ·· 51

4.2.4　通信卫星与 STK 仿真 ···································· 51

4.3　习题讲解 ··· 53

自测练习 ·· 56

第 5 章　卫星链路 ·· 58

5.1　内容总览 ··· 58

5.2　学习要点 ··· 59

5.2.1　无线电波传播 ·· 59

5.2.2　卫星链路类型 ·· 59

5.2.3　星地链路分析 ·· 60

5.2.4　链路预算 ··· 62

5.2.5　卫星链路与 STK 仿真 ···································· 65

5.3　习题讲解 ··· 66

自测练习 ·· 69

第 6 章　卫星通信体制 ·· 72

6.1　内容总览 ··· 72

6.2　学习要点 ··· 73

6.2.1　调制方式 ··· 73

6.2.2　差错控制 ··· 73

6.2.3　多址技术 ··· 77

6.3　习题讲解 ··· 80

自测练习 ·· 82

第 7 章　卫星激光通信 ·· 87

7.1　内容总览 ··· 87

7.2　学习要点 ··· 88

7.2.1　概　述 ··· 88

7.2.2　卫星激光通信光学组件 ···································· 89

　7.2.3　激光通信技术 ·· 90

　7.2.4　瞄准、捕获和跟踪技术 ······························· 91

7.3　习题讲解 ··· 91

　自测练习 ·· 94

第8章　卫星移动通信 ·· 97

8.1　内容总览 ·· 97

8.2　学习要点 ·· 98

　8.2.1　概　述 ·· 98

　8.2.2　典型静止轨道卫星移动通信系统 ················· 100

　8.2.3　典型低轨道卫星移动通信系统 ···················· 102

　8.2.4　典型中轨道卫星移动通信系统 ···················· 105

　8.2.5　卫星移动通信系统与 STK 仿真 ················· 106

8.3　习题讲解 ·· 107

　自测练习 ··· 110

参考答案 ·· 113

参考文献 ·· 139

第1章 概　述

1.1　内容总览

从 1945 年英国人克拉克首次提出卫星通信的设想以来，经过几十年的发展，卫星通信取得长足进步，在广播电视、移动通信、军事通信等领域得到广泛应用。近年来宽带个人通信、卫星移动通信等也得到快速发展。如图 1－1 所示，本章介绍卫星通信的基本概念、回顾卫星通信的发展史、介绍卫星通信系统组成，阐述卫星通信工作频段的选择原则与常用的工作频段及其特点，讨论卫星通信

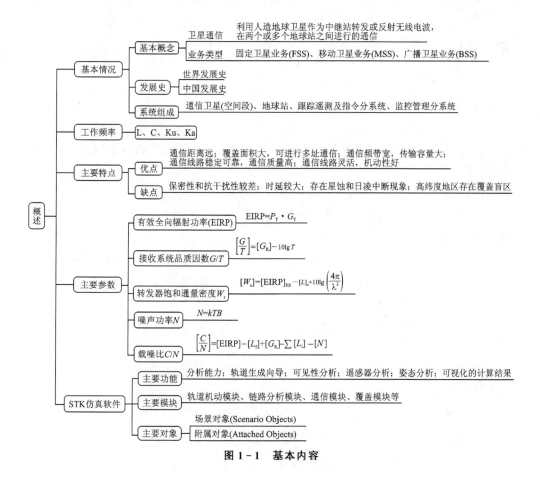

图 1－1　基本内容

的主要优点和缺点,描述有效全向辐射功率、接收系统品质因数、转发器饱和通量密度、噪声功率、载噪比等卫星通信的主要参数,介绍 STK 仿真软件的基本情况和基本操作。

1.2　学习要点

1.2.1　基本情况

1. 基本概念

卫星通信:利用人造地球卫星作为中继站转发或反射无线电波,在两个或多个地球站之间进行的通信。

通信卫星:用作无线电通信中继站的人造地球卫星。

地球站:设在地球表面(包括地面、海洋和大气中)的无线电通信站。

卫星通信的主要业务类型:固定卫星业务(Fixed Satellite Service,FSS)、移动卫星业务(Mobile Satellite Service,MSS)、广播卫星业务(Broadcast Satellite Service,BSS)。

2. 发展史

(1) 世界发展史

1945 年 10 月,英国人克拉克提出利用静止轨道卫星进行通信的科学构想。

1957 年 10 月,苏联成功发射世界上第一颗人造地球卫星"斯普特尼克 1 号"(Sputnik 1)。

1958 年 12 月,美国发射"斯科尔卫星"(SCORE)。

1962 年 7 月,美国成功发射第一颗真正实用型的通信卫星 Telstar,揭开了卫星通信发展的序幕。

1964 年 8 月,美国发射第一颗静止轨道的通信卫星"辛康姆 3 号"(SYNCOM - 3)。

1965 年 4 月,美国成功发射"晨鸟"(Intelsat I)对地静止轨道卫星,苏联成功发射第一颗非同步轨道卫星"闪电 I 号"(Molniya)。

1998 年底,铱星(Iridium)系统投入运营,利用低轨道卫星星座实现个人移动通信。

进入 21 世纪,宽带个人通信、卫星移动通信等得到蓬勃发展,多个低轨道卫星系统投入运行。

(2) 中国发展史

1970 年 4 月,我国成功发射第一颗人造地球卫星"东方红一号"(DFH - 1)。

1984 年 4 月,我国首次发射静止轨道通信卫星"东方红二号"(DFH - 2)。

1988 年 3 月,我国发射"东方红二号甲"(DFH－2A)卫星。

1997 年 5 月,我国发射第三代通信卫星"东方红三号"(DFH－3)。

2008 年 4 月,我国第一颗跟踪与数据中继卫星"天链一号 01 星"发射升空。

2016 年 8 月,我国第一颗移动通信卫星"天通一号 01 星"发射升空。

2018 年 12 月,我国发射"虹云工程"首发星。

3. 系统组成

空间通信是以空间飞行器或通信转发器为对象的无线电通信,也称为宇宙通信。

空间通信的 3 种形式:

① 地球站与空间飞行器之间的通信。

② 空间飞行器之间的通信。

③ 通过空间飞行器的转发或反射进行的地球站之间的通信。

卫星通信系统组成如图 1－2 所示。

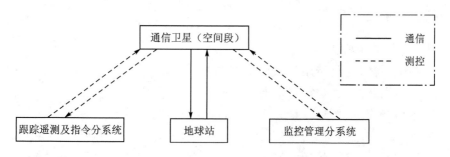

图 1－2　卫星通信系统组成

通信卫星(空间段):在空中对发来的信号起中继放大和转发作用,部分卫星可实现星上信号交换与处理。

地球站:微波无线电收发信台(站),用户通过它们接入卫星线路,主要完成用户与用户间经卫星转发的无线电通信。

跟踪遥测及指令分系统:对卫星进行跟踪测量和控制,也称为测控站。

监控管理分系统:对在轨运行的卫星的通信性能及参数进行业务开通前的监测,业务开通后对卫星及地球站参数进行监测、控制及管理。

1.2.2　工作频率

工作频段的选择原则:

① 选择的电磁波工作频率应能使它穿过电离层。

② 传播损耗及其他损耗和外界附加噪声应尽可能小。

③ 可供使用的带宽要大,以便尽量增大通信容量。

④ 能够合理地使用无线电频谱,与其他地面通信系统之间的相互干扰要尽量小。

⑤ 能充分利用现有技术设备,便于与现有通信设备配合使用。

常用的工作频段:

① L 频段(1~2 GHz):不受天气影响,对天线的方向性要求较低,发射功率较低,传输速率较低。

② C 频段(4~8 GHz):噪声温度低、大气损耗小、雨衰较小,设备、技术成熟,但是频段资源十分拥挤,容易与地面微波中继通信互相干扰。

③ Ku 频段(12.5~18 GHz):天线波束宽度窄,有利于实现点波束、多波束通信;天线增益较高,有利于地球站的小型化;频谱资源丰富,不存在与地面微波通信干扰问题;但是容易受降雨影响,雨衰较大。

④ Ka 频段(18~40 GHz):数据传输速率较高;天线方向性强,能较好地对抗干扰;有利于实现点波束覆盖;受降雨影响很大,雨衰非常高。

1.2.3　主要特点

卫星通信的主要优点:

① 通信距离远,且费用与通信距离无关。

② 覆盖面积大,可进行多址通信。

③ 通信频带宽,传输容量大,适于多种业务传输。

④ 通信线路稳定可靠,通信质量高。

⑤ 通信线路灵活,机动性好。

卫星通信的主要缺点:

① 保密性和抗干扰性较差。

② 时延较大。

③ 存在星蚀和日凌中断现象。

④ 高纬度地区存在覆盖盲区。

1.2.4　主要参数

(1) 有效全向辐射功率

有效全向辐射功率(Effective Isotropic Radiated Power,EIRP)是指卫星和地球站发射天线在波束中心轴向上辐射的功率,也称为等效全向辐射功率,是表征地球站或卫星转发器发射能力的一项重要技术指标。它可以表示为

$$EIRP = P_T \cdot G_T$$

其中,P_T 表示天线发射功率,G_T 表示发射天线增益。

(2)接收系统品质因数

接收系统品质因数$\left(\dfrac{G}{T}\right)$是指接收系统天线增益与等效噪声温度之比,是表示地球站天线和低噪声放大器(Low noise amplifier,LNA)性能的重要指标。它可以用对数形式表示为

$$\left[\frac{G}{T}\right]=[G_{\mathrm{R}}]-10\lg T$$

其中,G_{R}表示接收天线增益,T表示等效噪声温度。

(3)转发器饱和通量密度

转发器饱和通量密度(W_{s})是指为使卫星转发器单载波饱和工作,在其接收天线的单位有效面积上应输入的功率,表示卫星转发器的灵敏度,单位为 dBW/m^2。它可以用对数形式表示为

$$[W_{\mathrm{s}}]=[EIRP]_{\mathrm{ES}}-[L]_{\mathrm{u}}+10\lg\left(\frac{4\pi}{\lambda^2}\right)$$

其中,$10\lg\left(\dfrac{4\pi}{\lambda^2}\right)$表示接收天线单位有效面积的增益;$[EIRP]_{\mathrm{ES}}$表示卫星转发器饱和工作时,地球站发射的有效全向辐射功率的对数;$[L]_{\mathrm{u}}$表示上行链路的自由空间传播损耗的对数。

(4)噪声功率

噪声功率(N)表示接收天线在接收地球站或卫星转发的信号时接收到的噪声大小。它可以表示为

$$N=kTB$$

其中,$k=1.38\times10^{-23}\mathrm{J/K}$,为玻尔兹曼常数;$T$为等效噪声温度;$B$为等效噪声带宽。

(5)载噪比

载噪比$\left(\dfrac{C}{N}\right)$是载波功率与噪声功率之比,可以用对数形式表示为

$$\left[\frac{C}{N}\right]=[EIRP]-[L_{\mathrm{f}}]+[G_{\mathrm{R}}]-\sum[L_{\mathrm{i}}]-[N]$$

其中,C为卫星或地球站接收机输入端的载波功率,一般称为载波接收功率;N为噪声功率;$EIRP$为有效全向辐射功率;L_{f}为自由空间传播损耗;G_{R}为接收天线增益;L_{i}为其他损耗之和。

1.2.5　STK 仿真软件

STK 仿真软件的主要功能：

① 分析能力。

② 轨道生成向导。

③ 可见性分析。

④ 遥感器分析。

⑤ 姿态分析。

⑥ 可视化的计算结果。

STK 仿真软件的主要模块包括轨道机动模块、链路分析模块、通信模块、空间接近分析模块、覆盖模块、精确定轨模块、雷达模块、空间环境模块等。

STK 仿真软件的主要对象：场景对象（Scenario Objects）和附属对象（Attached Objects）。场景对象包括卫星（Satellite）、飞机（Aircraft）、船（Ship）、车辆（GroundVehicle）、地球站（Facility）、链路（Chain）、星座（Constellation）等，附属对象包括传感器（Sensor）、接收机（Receiver）、发射机（Transmitter）、天线（Antenna）等。

1.3　习题讲解

【1-1】_____处于"无线电窗口"频段，多数商用卫星固定业务使用该频段，但是容易与地面微波通信互相干扰。

知识点分析：该题考查的知识点是卫星通信的工作频率。"无线电窗口"频段在 0.3～10 GHz。读者要了解不同工作频段的特点。

答案：C 频段。

解析：C 频段的频率为 4～8 GHz，正好处于"无线电窗口"频段。C 频段具有很多优点，如噪声温度低、大气损耗小等，很多卫星通信系统采用 C 频段。但是由于地面微波通信也可以使用 C 频段，因此卫星通信在应用 C 频段时容易与地面微波中继通信互相干扰。

【1-2】利用通信卫星实现移动用户间或移动用户与固定用户之间在陆地、海上、空中的通信业务是_____。

知识点分析：该题考查的知识点是卫星通信的主要业务类型。卫星通信主要业务类型包括固定卫星业务、移动卫星业务和广播卫星业务。读者应初步了解不同业务类型的定义和应用。

答案：移动卫星业务。

解析：固定卫星业务是指固定地球站之间利用通信卫星进行的卫星通信业务。

移动卫星业务是指移动地球站或者移动用户使用手持终端、便携终端、车载站/船载站/机载站等终端，通过卫星移动通信系统实现用户在陆地、海上、空中的通信业务。

广播卫星业务是指利用卫星发送为公众提供的广播业务。

【1-3】 卫星通信的覆盖面积大，尤其是静止轨道通信卫星能够实现大范围的覆盖，_____静止轨道通信卫星合理分布可以实现全球_____以内地区的覆盖。

知识点分析：该题考查的知识点是卫星通信的优点。一颗静止轨道通信卫星可覆盖地球表面 1/3 左右，但是存在高纬度覆盖盲区。

答案：三颗；南北纬 70°（不包括南北两极）。

解析：不同轨道的通信卫星覆盖的纬度范围与轨道倾角有关，轨道倾角越大，覆盖的纬度范围越大。静止轨道通信卫星的轨道倾角为 0°，不利于实现高纬度地区的覆盖，只能覆盖南北纬 70°（不包括南北两极）以内的地区。

【1-4】 （ ）系统投入运营，真正完成了用低轨道卫星实现全球个人通信的目标。

    A. 全球星   B. 铱星   C. 闪电   D. 天通一号

知识点分析：该题考查的知识点是卫星通信发展史。读者要对卫星通信发展情况有基本的了解，同时对铱星系统有简单认识。

答案：B。

解析：A 选项中的全球星轨道倾角为 52°，能够对南北纬 70°之间的地区实现多重覆盖，在每一地区至少有两星覆盖，不能覆盖南北两极。

B 选项中的铱星系统采用近极轨道，能够实现包括南北两极在内的全球个人移动通信，轨道高度约 780 km，属于低轨道卫星。

C 选项中的"闪电"卫星采用大椭圆轨道，D 选项中的"天通一号"卫星采用静止轨道，它们均不是低轨道卫星。

【1-5】 卫星通信中有很多重要参数，下面的参数中哪个与发射天线增益有关？（ ）

    A. 有效全向辐射功率   B. 接收系统品质因数

    C. 转发器饱和通量密度   D. 载噪比

知识点分析：该题考查的知识点是卫星通信的主要参数。读者要掌握典型参数的概念及计算公式，了解公式中不同参数的含义。第 5 章卫星链路会重点介绍这些参数的计算。

答案：ACD。

解析：该题四个选项涉及的参数都与天线增益有关，但题目中指出是要与发射天线增益有关。A 选项中的有效全向辐射功率与发射天线增益有关；B 选项中的接收系统品质因数与接收天线增益有关，与发射天线增益无关；C 选项中的转发器饱和通量密度虽然没有直接体现与天线增益相关，但是它与地球站发射的有效全向辐射功率有关，也就是与发射天线增益有关；D 选项中的载噪比与有效全向辐射功率有关，也就是与发射天线增益有关，同时也与接收天线增益有关。

【1－6】 STK 仿真软件是面向对象设计，新建仿真场景后可以添加很多对象，下面哪个对象不能直接添加在场景中？（　　　）

　A．卫星（Satellite）　　　　　　　B．地球站（Facility）

　C．链路（Chain）　　　　　　　　D．天线（Antenna）

知识点分析：该题考查的知识点是 STK 仿真软件的基础知识。STK 仿真软件的对象包括场景对象（Scenario Objects）和附属对象（Attached Objects），场景对象可以直接添加到场景中，而附属对象不能在场景中直接插入，需要附属在场景对象中。

答案：D。

解析：A 选项中的卫星（Satellite）和 B 选项中的地球站（Facility）是 STK 仿真软件中最常用的场景对象。C 选项中的链路（Chain）是较为特殊的对象，需要把一组对象当作一个整体，如卫星到地球站之间的链路，这种对象也是可以直接添加到场景中的。D 选项中的天线（Antenna）是附属对象，必须附属到具体的场景对象中，如卫星或者地球站等。

自测练习

一、填空题

1．卫星通信是指利用人造地球卫星作为_____来转发或反射无线电波，在两个或多个地球站之间进行的通信。

2．1984 年我国发射第一颗试验用对地静止卫星——_____，逐步开始了我国的卫星通信。

3．在卫星通信中使用无线电波实现信息的传输，其中_____频段具有数据传输速率高、天线方向性强等优点，但是雨衰非常高，可高达 30 dB。

4．卫星通信在广播电视、移动通信、军事通信等领域得到广泛应用，将电视节目利用通信卫星送到千家万户是典型的_____业务。

5．_____是指为使卫星转发器单载波饱和工作，在其接收天线的单位有效面积上应输入的功率,表示卫星转发器的灵敏度。

二、选择题

1.(　　)是我国第一颗移动通信卫星,采用地球静止轨道。

　　A. 全球星　　　　　B. 铱星　　　　　C. 闪电 I 号　　　　D. 天通一号

2. 卫星通信中卫星和地球站之间正在大量使用 Ku 频段,Ku 频段上行链路的中心频率约为(　　)。

　　A. 6 GHz　　　　　B. 14 GHz　　　　C. 12 GHz　　　　D. 11 GHz

3.(　　)是表征地球站或卫星转发器发射能力的一项重要技术指标,其值越大,表明地球站或卫星转发器的发射能力越强。

　　A. 转发器饱和通量密度　　　　　　B. 接收系统品质因数

　　C. 载噪比　　　　　　　　　　　　D. 有效全向辐射功率

4. L 频段可用于低速率的通信,属于 L 频段的频率是(　　)。

　　A. 1～2 GHz　　　　B. 4～7 GHz　　　C. 12～18 GHz　　　D. 20～40 GHz

5. 关于卫星通信的特点,下列说法不正确的是(　　)。

　　A. 卫星通信相比于光纤通信等通信手段而言,没有线路投资

　　B. 卫星通信在一般情况下不受地形、地物等自然条件的影响

　　C. 卫星通信只能为大型地球站之间提供远距离通信干线

　　D. 由于卫星通信具有广播特性,因此容易被窃听

三、判断题

1. 在卫星通信中,通信卫星在空中,距离地面较远,不存在保密的问题。(　　)

2. 卫星通信的通信费用和运行费用不因地球站之间的距离远近及两站之间地面上的地理条件恶劣程度而变化。(　　)

3. Ka 频段的频率是 20～40 GHz,该频段的天线波束宽度窄,受降雨影响较小。(　　)

4. 每颗通信卫星可以有多个转发器,而且每个转发器可以同时转发多个地球站的信号。(　　)

5. STK 仿真软件通过轨道生成向导能够引导用户快速仿真地球同步轨道、圆轨道等常见的轨道类型。(　　)

四、简答题

1. 卫星通信的优点有哪些?

2. 卫星通信系统包括哪几部分?

3. 卫星通信工作频段的选择有哪些原则?常用的工作频段有哪些?

4. 什么是日凌中断?

5. 卫星通信的主要参数有哪些?

第 2 章　卫星轨道

2.1　内容总览

　　卫星绕着地球沿一定的轨迹运行,卫星运行的轨迹和趋势称为卫星轨道。如图 2-1 所示,本章主要介绍卫星在轨道上运行满足的开普勒定律,描述按照轨道形状、轨道倾角、轨道高度、回归周期等不同情况进行的卫星轨道分类,列举影

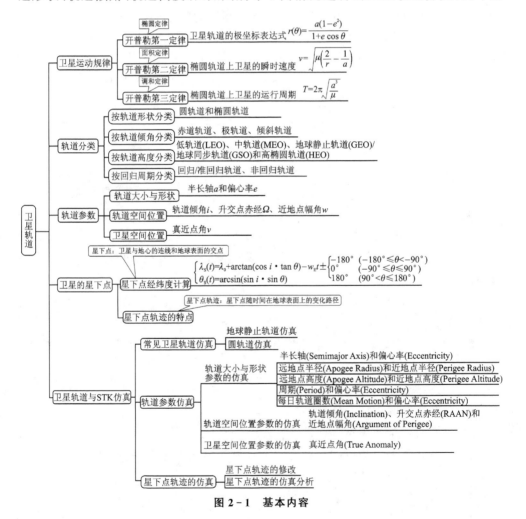

图 2-1　基本内容

响轨道大小与形状、轨道空间位置以及卫星空间位置的卫星轨道主要参数,分析卫星的星下点及星下点轨迹的特点,结合 STK 仿真软件开展常见卫星轨道仿真、轨道参数仿真和星下点轨迹的仿真等。

2.2　学习要点

2.2.1　卫星运动规律

1. 开普勒第一定律

开普勒第一定律(椭圆定律):卫星以地心为一个焦点做椭圆运动,如图 2-2 所示,S 是卫星,C 是椭圆中心,O 是地心,地心位于椭圆轨道的两个焦点之一; r_E 为地球平径半径,常用取值为 6 378 km,r 为卫星到地心的瞬时距离,θ 为卫星——地心连线与地心——近地点连线的夹角。

卫星轨道的极坐标表达式为

$$r(\theta) = \frac{a(1-e^2)}{1+e\cos\theta}$$

其中,a 为轨道半长轴;e 为偏心率。

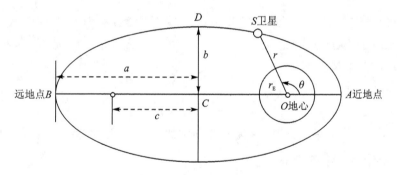

图 2-2　开普勒第一定律

偏心率 e:椭圆焦点离开椭圆中心的比例,即椭圆焦距和长轴长度的比值,可以表示为

$$e = \frac{c}{a} = \frac{\sqrt{a^2-b^2}}{a} = \sqrt{1-(b/a)^2}$$

其中,a 为轨道半长轴;b 为轨道半短轴;c 为半焦距,是地心离椭圆中心的距离。

远地点:卫星距离地心最远的点。远地点长度为半长轴与半焦距之和,也称为远地点半径,可以表示为

$$r_{\max} = a + c = a(1+e)$$

其中,a 为轨道半长轴;c 为半焦距;e 为偏心率。

远地点高度:卫星在远地点时距离地面的高度,可以表示为

$$h_{max} = r_{max} - r_E$$

其中,r_{max} 为远地点半径;r_E 为地球半径。

近地点:卫星距离地心最近的点。近地点长度为半长轴与半焦距之差,也称为近地点半径,可以表示为

$$r_{min} = a - c = a(1 - e)$$

其中,a 为轨道半长轴;c 为半焦距;e 为偏心率。

近地点高度:卫星在近地点时距离地面的高度,可以表示为

$$h_{min} = r_{min} - r_E$$

其中,r_{min} 为近地点半径;r_E 为地球半径。

2. 开普勒第二定律

开普勒第二定律(面积定律):卫星在轨道上运行时,卫星与地心的连线在相同时间内扫过的面积相等。

椭圆轨道上卫星的瞬时速度

$$v = \sqrt{\mu\left(\frac{2}{r} - \frac{1}{a}\right)}$$

其中,a 为轨道半长轴;r 为卫星到地心的瞬时距离;μ 为开普勒常数,取值为 $3.986\,013 \times 10^5 \text{ km}^3/\text{s}^2$。

圆轨道上卫星的速度

$$v = \sqrt{\frac{\mu}{r}} = \sqrt{\frac{\mu}{h + r_E}}$$

其中,r 为卫星到地心的距离;μ 为开普勒常数;h 为轨道高度;r_E 为地球半径。

3. 开普勒第三定律

开普勒第三定律(调和定律):卫星环绕地球运行周期的平方与轨道半长轴的三次方成正比。

椭圆轨道上卫星的运行周期

$$T = 2\pi\sqrt{\frac{a^3}{\mu}}$$

其中,a 为轨道半长轴;μ 为开普勒常数。

圆轨道上卫星的运行周期

$$T = 2\pi\sqrt{\frac{(h + r_E)^3}{\mu}}$$

其中,h 为轨道高度;r_E 为地球半径;μ 为开普勒常数。

2.2.2　轨道分类

1. 按轨道形状分类

卫星轨道按照形状可以分为圆轨道和椭圆轨道。

圆轨道:偏心率 e 等于 0 的卫星轨道,卫星轨道呈圆形。

椭圆轨道:偏心率 e 不等于 0 的卫星轨道,卫星轨道呈椭圆形。

通信卫星运行在圆轨道上能够提供均匀覆盖,目前大部分通信卫星采用圆轨道,如中星 6C、铱星等。

2. 按轨道倾角分类

卫星轨道按照倾角可以分为赤道轨道、极轨道、倾斜轨道,如图 2-3 所示。

轨道倾角:卫星的轨道面与赤道面间的夹角。

赤道轨道:轨道倾角为 0°,轨道上卫星的运行方向与地球自转方向相同,如中星 6C 卫星轨道。

极轨道:卫星的轨道面垂直于赤道面,轨道倾角为 90°,卫星在轨道上运行时会穿过地球南北两极,如铱星轨道。

倾斜轨道:卫星的轨道面与赤道面成一个夹角。

顺行倾斜轨道:轨道倾角为 0°~90°,轨道上卫星在赤道面上投影的运行方向与地球自转方向相同。通信卫星一般采用顺行倾斜轨道,如全球星轨道,轨道倾角为 52°。

逆行倾斜轨道:轨道倾角为 90°~180°,轨道上卫星在赤道面上投影的运行方向与地球自转方向相反。

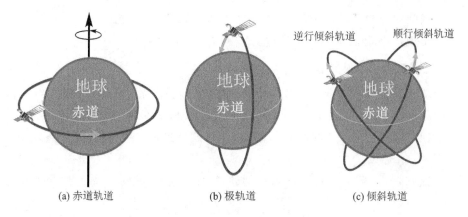

(a) 赤道轨道　　　　　　(b) 极轨道　　　　　　(c) 倾斜轨道

图 2-3　卫星轨道按轨道倾角分类

3. 按轨道高度分类

卫星轨道按照高度可以分为低轨道(Low Earth Orbit,LEO)、中轨道(Medium Earth Orbit,MEO)、地球静止轨道/地球同步轨道(Geostationary Orbit,GEO/Geosynchronous Orbit,GSO)和高椭圆轨道(Highly Elliptical Orbit,HEO),如图 2-4 所示。

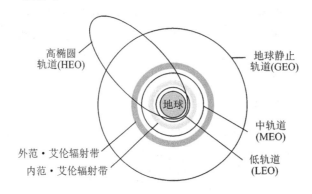

图 2-4 不同高度的卫星轨道

低轨道(LEO):在内范·艾伦辐射带内,距离地球表面 500~2 000 km。处于低轨道的卫星具有对地面终端的损耗低、天线口径小等优势,如铱星、全球星。

中轨道(MEO):介于内、外范·艾伦辐射带,距离地球表面 8 000~20 000 km,如奥德赛(Odyssey)、ICO(Intermediate Circular Orbit)系统轨道等。

地球同步轨道(GSO):卫星运行的方向和地球自转的方向相同,轨道高度大约是 35 786 km,卫星运行周期与地球自转周期相同的轨道。

地球静止轨道(GEO):轨道倾角为 0°的地球同步轨道,轨道面与地球赤道面重合,如中星 6A、"天通一号"卫星轨道等。

高椭圆轨道(HEO):轨道倾角不为 0°的椭圆轨道,近地点高度较低,远地点高度大于地球静止轨道卫星的高度,如"闪电"卫星轨道。

4. 按回归周期分类

卫星轨道按回归周期可以分为回归/准回归轨道以及非回归轨道。

回归轨道:卫星在一个恒星日绕地球旋转 L 圈后星下点轨迹重复的轨道。

准回归轨道:卫星在 $M(M>1)$ 个恒星日绕地球旋转 L 圈后星下点轨迹重复的轨道。

非回归轨道:星下点轨迹不重复的轨道,卫星运行的每个周期都会产生不同的星下点轨迹。

2.2.3　轨道参数

卫星的轨道参数主要有三类:轨道大小与形状、轨道空间位置、卫星空间位置,如图 2-5 所示。

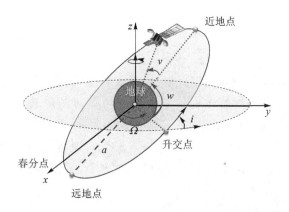

图 2-5　轨道参数示意图

1. 轨道大小与形状

卫星轨道大小与形状参数:半长轴 a 和偏心率 e。

半长轴 a:椭圆轨道中心到远地点的距离,a 决定了卫星的轨道周期。

偏心率 e:椭圆焦点离开椭圆中心的比例,即椭圆半焦距 c 和半长轴 a 的比值。e 越大,轨道越扁,$0 \leqslant e < 1$。当 $e=0$ 时,卫星轨道即为圆轨道。

2. 轨道空间位置

卫星轨道空间位置参数:轨道倾角 i、升交点赤经 Ω、近地点幅角 w。

轨道倾角 i:轨道面与赤道面间的夹角,$0 \leqslant i < 180°$。

升交点赤经(Right Ascension of Ascending Node,RAAN)Ω:春分点方向到轨道升交点方向的夹角。

近地点幅角 w:从升交点到地心的连线与近地点和地心连线的夹角。

3. 卫星空间位置

卫星空间位置参数:真近点角 v。

真近点角 v:在地球中心测得的从近地点到卫星位置的角度。

2.2.4　卫星的星下点

星下点:卫星与地心的连线和地球表面的交点。

星下点轨迹:星下点随时间在地球表面上的变化路径。

1. 星下点经纬度计算

在轨道上运行的卫星可以通过星下点的经度和纬度进行定位。卫星星下点的经度和纬度用 (λ_S, θ_S) 表示,可以表示为

$$\lambda_S(t) = \lambda_0 + \arctan(\cos i \cdot \tan \theta) - w_E t \pm \begin{cases} -180° & (-180° \leqslant \theta < -90°) \\ 0° & (-90° \leqslant \theta \leqslant 90°) \\ 180° & (90° < \theta \leqslant 180°) \end{cases}$$

$$\theta_S(t) = \arcsin(\sin i \cdot \sin \theta)$$

其中,λ_0 表示卫星轨道的升交点经度;i 表示卫星轨道倾角;w_E 表示地球自转角速度;t 表示卫星运行时刻;$\pm$ 表示卫星轨道为顺行倾斜轨道或逆行倾斜轨道;θ 表示 t 时刻卫星在轨道面内相对于升交点的角度。

当轨道倾角 $i \leqslant 90°$ 时,星下点纬度 $\theta_S(t) \leqslant i$,即轨道倾角决定星下点轨迹的纬度变化范围。通信卫星要实现对高纬度地区的覆盖需要倾角较大的卫星轨道。

2. 星下点轨迹的特点

(1) 星下点轨迹一般自东向西排列

地球自西向东自转导致星下点轨迹会自东向西排列,星下点一般不会再重复前一圈的运行轨迹(回归/准回归轨道等特殊情况除外)。

(2) 圆轨道卫星相邻星下点轨迹的间隔与轨道高度有关

圆轨道卫星相邻星下点轨迹的间隔可以表示为

$$S = \frac{2\pi r_E}{P} = \frac{2\pi r_E \cdot T_S}{86\ 164}$$

其中,S 为相邻星下点轨迹间隔;P 为卫星每日绕地球圈数;T_S 为卫星运行周期;r_E 为地球半径。

(3) 回归/准回归轨道的卫星会产生重复星下点轨迹

产生重复星下点轨迹的条件:卫星在 M 个恒星日绕地球旋转 L 圈后星下点轨迹重复,可以表示为

$$T_S = T_E \frac{M}{L}$$

其中,T_S 为卫星运行周期;T_E 为地球自转周期。

(4) 地球同步轨道卫星的星下点轨迹是一个封闭的"8"字形

地球静止轨道卫星是倾角为 0° 的地球同步轨道卫星,卫星的星下点轨迹是一个点,即卫星相对地球静止,可以通过星下点经度对卫星进行定位。

2.2.5　卫星轨道与 STK 仿真

1. 常见卫星轨道仿真

地球静止轨道仿真：

① 打开 STK 仿真软件后，新建场景，在场景中选择"Insert"→"New"菜单项，弹出"Insert STK Objects"对话框。

② 在"Select An Object To Be Inserted"中选择"Satellite"，在右侧的"Select A Method"中选择"Orbit Wizard"后单击下方的"Insert"按钮。

③ 在"Orbit Wizard"对话框的"Type"中可以选择典型的卫星轨道"Geosynchronous"。

④ 设置"Subsatellite Point"（星下点）和"Inclination"（倾角），其中地球静止轨道的轨道倾角为 0°，单击"OK"按钮即可插入一颗地球静止轨道卫星。

圆轨道仿真：

① 在工具栏中单击虚线框中"Insert Default Object"右侧的下拉倒三角▼。

② 选择"卫星" 🛰️▼ 后，单击"Insert"按钮进入轨道生成向导界面。

③ 选择"Circular"（圆轨道），修改卫星的"Inclination"（轨道倾角）、"Altitude"（轨道高度）和"RAAN"（升交点赤经），单击"OK"按钮后生成一颗圆轨道卫星。

2. 轨道参数仿真

在"Object Browser"中选择卫星名称后，双击打开"Properties"，显示轨道参数仿真界面，如图 2-6 所示。

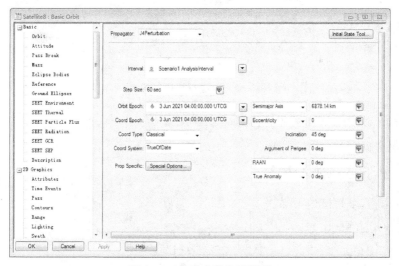

图 2-6　轨道参数仿真界面

（1）轨道大小与形状参数的仿真

卫星轨道大小与形状可以通过两个轨道参数确定，这两个参数是相互关联的，共有五组参数，见表 2-1 所列。

表 2-1 确定轨道大小与形状的两个参数

组　号	第一个参数	第二个参数
1	半长轴（Semimajor Axis）	偏心率（Eccentricity）
2	远地点半径（Apogee Radius）	近地点半径（Perigee Radius）
3	远地点高度（Apogee Altitude）	近地点高度（Perigee Altitude）
4	周期（Period）	偏心率（Eccentricity）
5	每日轨道圈数（Mean Motion）	偏心率（Eccentricity）

（2）轨道空间位置参数的仿真

轨道空间位置参数：轨道倾角（Inclination）、升交点赤经（RAAN）和近地点幅角（Argument of Perigee），如图 2-7 所示。

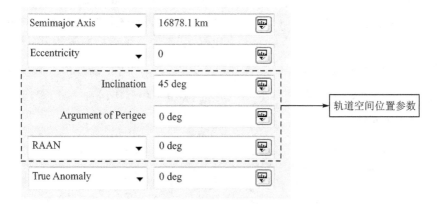

图 2-7 轨道空间位置参数

（3）卫星空间位置参数的仿真

卫星空间位置参数：真近点角（True Anomaly）。

3. 星下点轨迹的仿真

（1）星下点轨迹的修改

① 选中卫星 S1 后，右击选择"Properties"。

② 在"Properties"窗口中选择"2D Graphics"。

③ 单击"Attributes"后可以修改星下点轨迹的"Color""Line Style""Line

Width""Marker Style"。

④ 选择"2D Graphics"→"Pass",修改星下点轨迹显示,包括"Passes""Leading/Trailing"和"Ground Track Central Body Display",如图 2-8 所示。

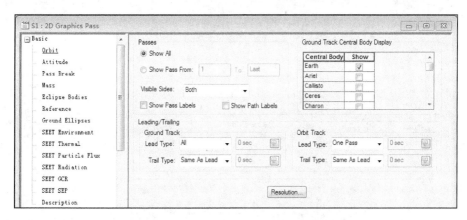

图 2-8 "S1:2D Graphics Pass"窗口

(2) 星下点轨迹的仿真分析

1) 星下点轨迹自东向西排列

① 选择卫星 S1 后,右击选择"Properties"。

② 选择"2D Graphics"→"Pass"→"Leading/Trailing"→"Ground Track"→"Lead Type"。

③ 当选择"One Pass"时,星下点轨迹仅显示当前运行周期的轨迹,此时可以观察星下点轨迹自东向西排列的情形。

2) 卫星星下点的经纬度

利用 STK 仿真软件可以直接得到卫星在任意时刻的星下点的经纬度,选择二维场景并将鼠标置于卫星所在位置,即可在下方显示相应点的经度和纬度信息。

3) 圆轨道卫星相邻星下点轨迹的间隔与轨道高度有关

① 选择卫星 S1 后,右击选择"Properties"。

② 选择"2D Graphics"→"Pass"→"Leading/Trailing"→"Ground Track"。

③ 在"Lead Type"中要选择"All",如图 2-9 所示。

④ 此时会显示整个仿真时间内上升期的星下点轨迹,便于观察相邻星下点轨迹的间隔。

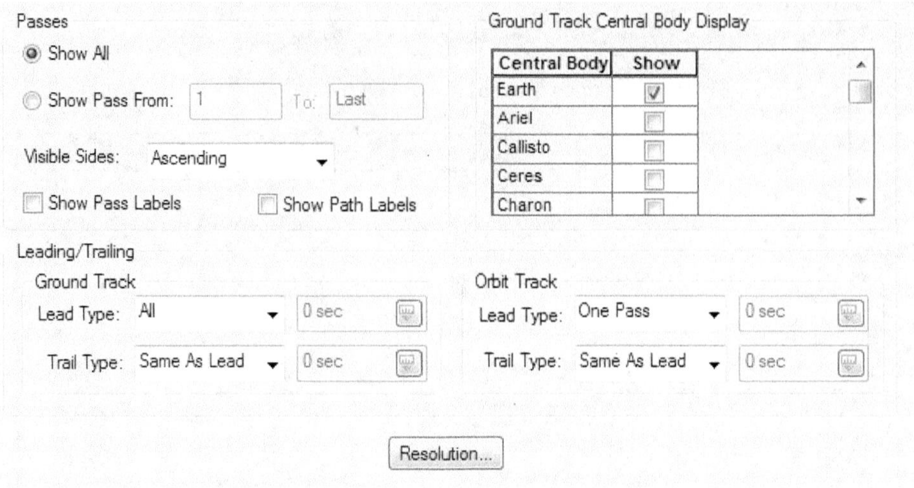

图 2 - 9   在"Lead Type"中选择"All"

2.3　习题讲解

【2-1】　卫星在椭圆轨道上的运行速度是不均匀的。卫星运行的速度在_____最大,在_____最小。

知识点分析:该题考查的知识点是卫星运动规律。由开普勒第二定律可以得出,卫星在椭圆轨道上的运行速度与卫星到地心的距离和轨道半长轴有关。

答案:近地点、远地点。

解析:若卫星在同一轨道上,则轨道半长轴不变,卫星到地心的距离越小,卫星运行速度就越大。卫星距离地心最近的点是近地点,卫星在近地点的瞬时速度最大,可以表示为

$$v_{\max} = \sqrt{\mu\left(\frac{2}{r_{\min}} - \frac{1}{a}\right)} = \sqrt{\mu\left(\frac{2}{a(1-e)} - \frac{1}{a}\right)}$$

其中,$r_{\min}$ 为近地点半径;a 为轨道半长轴;e 为偏心率;μ 为开普勒常数。

卫星到地心的距离越大,卫星运动速度就越小。卫星距离地心最远的点是远地点,卫星在远地点的瞬时速度最小,可以表示为

$$v_{\min} = \sqrt{\mu\left(\frac{2}{r_{\max}} - \frac{1}{a}\right)} = \sqrt{\mu\left(\frac{2}{a(1+e)} - \frac{1}{a}\right)}$$

其中,$r_{\max}$ 为远地点半径;a 为轨道半长轴;e 为偏心率;μ 为开普勒常数。

【2-2】　随着卫星在轨道上的运行,卫星的星下点发生变化,_____决定星下点轨迹的纬度变化范围。

知识点分析：该题考查的知识点是卫星星下点。读者要了解卫星星下点的计算及影响星下点经纬度的主要参数。

答案：轨道倾角。

解析：当卫星在轨道上运行时,其瞬时位置的星下点的经纬度可以表示为

$$\lambda_S(t) = \lambda_0 + \arctan(\cos i \cdot \tan \theta) - w_E t \pm \begin{cases} -180° & (-180° \leqslant \theta < -90°) \\ 0° & (-90° \leqslant \theta \leqslant 90°) \\ 180° & (90° < \theta \leqslant 180°) \end{cases}$$

$$\theta_S(t) = \arcsin(\sin i \cdot \sin \theta)$$

其中,λ_0 表示卫星轨道的升交点经度;i 表示卫星轨道倾角;w_E 表示地球自转角速度;t 表示卫星运行时刻;±表示卫星轨道为顺行倾斜轨道或逆行倾斜轨道;θ 表示 t 时刻卫星在轨道面内相对于升交点的角度。

卫星星下点的纬度与轨道倾角 i 和 θ 有关,而与地球自转角速度 w_E 无关。随着卫星在轨道上的运行,θ 发生变化,$-1 \leqslant \sin \theta \leqslant 1$,星下点纬度最大为 i 或者 $180° - i$,即

$$\begin{cases} \theta_S(t) \leqslant i, & i \leqslant 90° \\ \theta_S(t) \leqslant 180° - i, & i > 90° \end{cases}$$

【2 - 3】 近地点幅角是从_____到地心的连线与_____和地心连线的夹角。

知识点分析：该题考查的知识点是卫星轨道参数。读者需要掌握卫星轨道的六个主要参数,包括轨道大小与形状参数、轨道空间位置参数和卫星空间位置参数。

答案：升交点、近地点。

解析：近地点幅角是影响轨道空间位置的参数之一。轨道空间位置参数包括轨道倾角、升交点赤经和近地点幅角。轨道倾角和升交点赤经决定轨道面,而近地点幅角决定卫星轨道在平面中的具体位置。

【2 - 4】 STK 仿真时,在确定卫星轨道大小与形状的两个参数中,如果第一个参数是半长轴,则第二个参数一定是_____;如果第一个参数是_____,则第二个参数一定是近地点高度。

知识点分析：该题考查的知识点是 STK 仿真中的轨道参数仿真。卫星轨道大小与形状可以通过两个参数确定,共有五组参数。

答案：偏心率、远地点高度。

解析：确定轨道大小与形状的两个参数是相互关联的,分别为：

① 半长轴(Semimajor Axis)和偏心率(Eccentricity)。

② 远地点半径(Apogee Radius)和近地点半径(Perigee Radius)。

③ 远地点高度(Apogee Altitude)和近地点高度(Perigee Altitude)。

④ 周期(Period)和偏心率(Eccentricity)。

⑤ 每日轨道圈数(Mean Motion)和偏心率(Eccentricity)。

【2-5】 卫星沿着轨道运行,通过星下点轨迹实现对地球的定位。对于星下点轨迹,下列说法正确的是( )。

A. 星下点轨迹永远不会重复

B. 圆轨道卫星的轨道高度越高,相邻星下点轨迹的间隔越小

C. 一般情况下会自东向西排列

D. 星下点轨迹与轨道倾角无关

知识点分析:该题考查的知识点是卫星星下点轨迹的特点。读者要掌握星下点轨迹的基本特点,了解影响星下点轨迹的因素。

答案:C。

解析:回归/准回归轨道的卫星会产生重复的星下点,因此 A 选项是错误的。

相邻星下点轨迹的间隔与卫星的运行周期有关,而圆轨道卫星的运行周期与轨道高度有关,轨道高度越高,运行周期越长,每日绕地球圈数越少,相邻星下点轨迹的间隔越大,因此 B 选项错误。

地球自西向东自转导致星下点轨迹一般情况下会自东向西排列,因此 C 选项正确。

轨道倾角决定了星下点轨迹的纬度变化范围,因此 D 选项错误。

【2-6】 下列( )选项中的通信卫星采用低圆轨道?

A. 铱星 　　　　 B. 奥德赛 　　　　 C. 天链一号 　　　　 D. 闪电

知识点分析:该题考查的知识点是卫星轨道的分类。卫星轨道按照不同的分类方法有不同的分类,读者要了解不同卫星轨道的特点。

答案:A。

解析:卫星轨道按照形状可分为圆轨道和椭圆轨道。D 选项中的闪电卫星采用椭圆轨道。卫星轨道按照高度可分为低轨道、中轨道、地球静止轨道/地球同步轨道和高椭圆轨道。B 选项中的奥德赛卫星采用中轨道,C 选项中的天链一号卫星采用地球静止轨道,而 A 选项中的铱星采用低轨道。因此,只有铱星的卫星轨道既是低轨道又是圆轨道。

【2-7】 卫星根据使用目的和发射条件不同,可能有不同高度和不同形状的轨道,下列关于卫星轨道的说法错误的是( )。

A. 卫星轨道都在通过地球中心的一个平面内

B. 回归/准回归轨道会产生重复的星下点轨迹

C．升交点赤经和近地点幅角这两个参数都与轨道的升交点有关

D．卫星在轨道上一定做非匀速运动

知识点分析：该题综合考查卫星轨道的知识，涉及卫星轨道的基本知识、卫星运动规律、星下点轨迹、轨道参数等。

答案：D。

解析：开普勒第一定律指出，卫星以地心为一个焦点做椭圆运动。因此卫星轨道一定在通过地球中心的平面内，故 A 选项正确。

回归/准回归轨道是指卫星在 M 个恒星日绕地球旋转 L 圈后星下点轨迹重复的轨道，因此一定会产生重复的星下点轨迹，故 B 选项正确。

升交点赤经是春分点方向到轨道升交点方向的夹角；近地点幅角是从升交点到地心的连线与近地点和地心连线的夹角。因此升交点赤经和近地点幅角都与升交点有关，故 C 选项正确。

卫星在椭圆轨道上做非匀速运动，但是在圆轨道上具有恒定的运行速度，故 D 选项错误。

【2-8】　1970 年 4 月 24 日我国第一颗人造地球卫星"东方红一号"在酒泉卫星发射中心成功发射。"东方红一号"卫星轨道的近地点高度约 441 km、远地点高度约 2 368 km、轨道倾角约为 68.4°。试计算理论上"东方红一号"卫星轨道的偏心率是多少？

知识点分析：该题考查的知识点是开普勒第一定律，涉及半长轴、半焦距、近地点高度、远地点高度、偏心率等概念。

答案：0.12。

解析：假设地球半径为 6 378 km，各轨道参数之间的关系如图 2-10 所示。

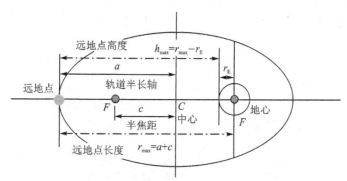

图 2-10　各轨道参数之间的关系

远地点半径

$$r_{\max}=a+c$$

近地点半径

$$r_{\min} = a - c$$

远地点高度

$$h_{\max} = r_{\max} - r_E = 2\ 368\ \text{km}$$

近地点高度

$$h_{\min} = r_{\min} - r_E = 441\ \text{km}$$

由此可得

$$\begin{cases} a + c = r_E + 2\ 368\ \text{km} = 6\ 378\ \text{km} + 2\ 368\ \text{km} = 8\ 746\ \text{km} \\ a - c = r_E + 441\ \text{km} = 6\ 378\ \text{km} + 441\ \text{km} = 6\ 819\ \text{km} \end{cases}$$

因此,轨道半长轴 $a = 7\ 782.5\ \text{km}$,半焦距 $c = 963.5\ \text{km}$。

偏心率

$$e = \frac{c}{a} = \frac{963.5\ \text{km}}{7\ 782.5\ \text{km}} \approx 0.12$$

因此,理论上"东方红一号"卫星轨道的偏心率约为 0.12。

【2-9】 我国于 2021 年 4 月 29 日在文昌航天发射场发射天和核心舱,天和核心舱运行轨道的近地点高度约为 384 km、远地点高度约为 394.9 km,试计算天和核心舱的运行周期。

知识点分析:该题考查的知识点是开普勒第三定律。航天器的运行周期与轨道半长轴 a 有关,通过近地点高度、远地点高度可以计算得到轨道半长轴,进而得到运行周期。

答案:5 540.5 s。

解析:假设地球半径为 6 378 km。远地点高度

$$h_{\max} = a + c - r_E = 394.9\ \text{km}$$

近地点高度

$$h_{\min} = a - c - r_E = 384\ \text{km}$$

由此得到轨道半长轴

$$a = 6\ 767.45\ \text{km}$$

由开普勒第三定律,知

$$T = 2\pi \sqrt{\frac{a^3}{\mu}} \approx 2 \times 3.141\ 59 \times \sqrt{\frac{6\ 767.45^3}{3.986\ 013 \times 10^5}} \approx 5\ 540.5\ \text{s}$$

故天和核心舱的运行周期约为 5 540.5 s。

【2-10】 在 STK 仿真软件中修改了某卫星的远地点高度,如图 2-11 所示,远地点高度由 10 500 km 增加到 15 500 km,其他参数不变。试计算该卫星在远地点时的运行速度。

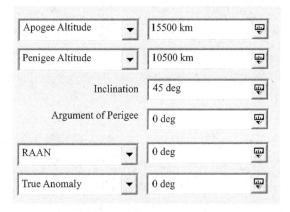

图 2 - 11 修改远地点高度

知识点分析：该题考查的知识点是开普勒第二定律和 STK 仿真中的轨道参数仿真。利用远地点高度和近地点高度可以计算得到轨道半长轴和偏心率，进而可以计算卫星在远地点时的运行速度。

答案：3.98 km/s。

解析：假设地球半径为 6 378 km，如 2 - 10 所示。

由于远地点高度

$$h_{max} = r_{max} - r_E$$

因此远地点半径

$$r_{max} = h_{max} + r_E = 15\ 500\ \text{km} + 6\ 378\ \text{km} = 21\ 878\ \text{km}$$

故远地点半径

$$r_{max} = a + c = 21\ 878\ \text{km}$$

同理可得

$$r_{min} = a - c = h_{min} + r_E = 10\ 500\ \text{km} + 6\ 378\ \text{km} = 16\ 878\ \text{km}$$

由此可以得到轨道半长轴 a 为 19 378 km。

由开普勒第二定律

$$v = \sqrt{\mu\left(\frac{2}{r} - \frac{1}{a}\right)}$$

可以得到卫星在远地点时的运动速度

$$v = \sqrt{\mu\left(\frac{2}{r_{max}} - \frac{1}{a}\right)} = \sqrt{3.986 \times 10^5 \times \left(\frac{2}{21\ 878} - \frac{1}{19\ 378}\right)}\ \text{km/s}$$

$$\approx 3.98\ \text{km/s}$$

自测练习

一、填空题

1. _____是椭圆焦点离开椭圆中心的比例,决定了椭圆轨道的扁平程度。其值越_____,轨道越扁;其值为_____时,卫星轨道为圆轨道。

2. 远地点是指卫星离地心最远的点,远地点半径等于_____之和。

3. 近地点幅角是从_____到地心的连线与_____和地心连线的夹角。

4. 卫星在轨道上运行时,运行速度是变化的,其运行速度与_____和卫星到地心的瞬时距离有关。

5. _____轨道是指卫星在一个恒星日绕地球旋转 N 圈后_____重复的轨道。

6. 不同高度轨道的划分主要是由于地球外有内、外两个_____,_____在内范·艾伦辐射带内,该轨道的卫星具有对地面终端的损耗低、天线口径小等优势。

7. 对于某圆轨道卫星而言,若轨道高度为 1 000 km,则卫星的运行周期大约是_____,卫星在轨道上每日运行圈数约为_____,相邻星下点轨迹间隔约为_____ km。

8. 在 STK 仿真软件中采用轨道生成向导插入一颗卫星,当选择"Circular"(圆轨道)时,轨道生成向导界面中会显示_____、_____、_____三个参数,可以通过修改参数来改变卫星轨道。

二、选择题

1. 理论上卫星在圆轨道上将具有恒定的瞬时速度,且速度只与(   )有关。

A. 偏心率　　　　B. 轨道倾角　　　　C. 轨道高度　　　　D. 初始相位

2. 下列(   )情况的通信卫星轨道一定是回归轨道。

A. 卫星在一个恒星日绕地球旋转四圈后星下点轨迹重复的轨道

B. 卫星在两个恒星日绕地球旋转五圈后星下点轨迹重复的轨道

C. 卫星在三个恒星日绕地球旋转十圈后星下点轨迹重复的轨道

D. 卫星在 M 个恒星日绕地球旋转 N 圈后星下点轨迹重复的轨道

3. 下面哪个轨道参数与升交点有关?(   )

A. 升交点赤经　　　　　　　　　B. 轨道倾角

C. 真近点角　　　　　　　　　　D. 近地点幅角

4. 下列(　　)卫星的星下点轨迹最为特殊,是一个点。

A. 中星 6C　　　B. 铱星系统　　　C. 全球星系统　　　D. 闪电

5. 卫星在轨道的空间位置可以由参数(　　)确定。

A. 半长轴　　　B. 偏心率　　　C. 轨道倾角　　　D. 真近点角

6. 2019 年我国在西昌卫星发射中心成功将"中星 6C"卫星发射升空,"中星 6C"通信卫星距离地球表面(　　)。

A. 2 000 km 左右　　　　　　　B. 36 000 km 左右

C. 15 000 km 左右　　　　　　D. 40 000 km 左右

7. 北斗三号卫星导航系统中不含有下列哪种轨道的卫星?(　　)

A. 地球静止轨道　　　　　　　B. 倾斜地球同步轨道

C. 中轨道　　　　　　　　　　D. 低轨道

三、判断题

1. 卫星可能有不同高度和不同形状的轨道,但它们有一个共同点,就是卫星轨道都在通过地球中心的一个平面内。　　　　　　　　　　　　(　　)

2. 卫星轨道偏心率的取值范围为大于等于 0 小于等于 1。　　　　(　　)

3. 椭圆轨道卫星在轨道上做非匀速运动,适合高纬度地区通信。　(　　)

4. 倾斜轨道卫星的轨道面倾斜于赤道面,所有卫星的轨道倾角都小于 90°。
　　　　　　　　　　　　　　　　　　　　　　　　　　　　　(　　)

5. 对于圆轨道卫星而言,远地点高度等于近地点高度等于卫星的轨道高度。
　　　　　　　　　　　　　　　　　　　　　　　　　　　　　(　　)

6. 地球的自转不仅会影响卫星星下点的经度还会对星下点的纬度产生影响。　　　　　　　　　　　　　　　　　　　　　　　　　　　(　　)

7. 利用 STK 仿真软件仿真卫星轨道时,若轨道大小与形状的第一个参数选择远地点半径(Apogee Radius)时,则第二个参数一定是近地点半径(Perigee Radius)。
　　　　　　　　　　　　　　　　　　　　　　　　　　　　　(　　)

四、简答题

1. 什么是开普勒定律?开普勒第几定律与卫星的运行速度有关?

2. 卫星轨道的主要参数有哪些?

3. 卫星的星下点轨迹有哪些特点?

4. STK 仿真中轨道大小与形状可以通过哪些参数确定?

5. 试分析"闪电"卫星按照不同的分类方法是什么卫星?

五、计算题

1. 2003 年 10 月 15 日,"神舟五号"飞船发射升空,这是我国首次发射载人航天飞行器。飞船进入近地点高度 200 km、远地点高度 350 km,倾角为 42.4°的初始轨道。实施变轨后,飞船进入轨道高度约 343 km 的圆轨道。试计算"神舟五号"飞船变轨前后的运行周期是多少?

2. 假设某低轨道卫星为舰船提供通信服务,卫星采用圆轨道,轨道高度为 1 450 km,试计算卫星每个恒星日可以绕地球多少圈?

3. 根据【2-8】的参数,试计算"东方红一号"卫星的最大和最小运行速度分别是多少?

第 3 章　地球站

3.1　内容总览

卫星通信地球站是应用于卫星通信的微波无线电收发站,用户通过它们接入卫星线路进行通信。卫星通信地球站主要实现用户业务的接入、调制解调及无线信号的发射与接收等功能,其主要业务包括电话、电报、传真、电视和数据传输等。如图 3-1 所示,本章主要介绍地球站的分类、组网以及选址和布局,阐述

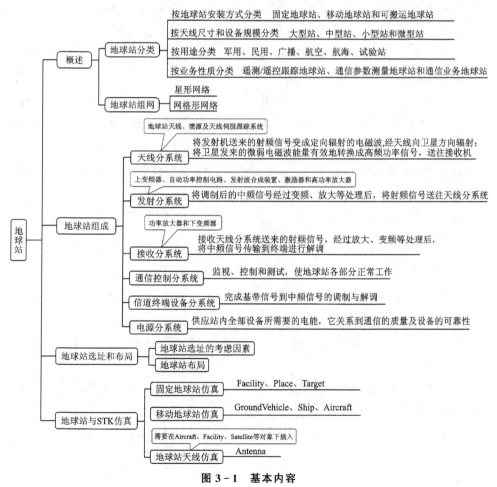

图 3-1　基本内容

天线分系统、发射分系统、接收分系统、通信控制分系统、信道终端设备分系统和电源分系统等地球站的组成部分,结合 STK 仿真固定地球站、移动地球站以及地球站天线。

3.2　学习要点

3.2.1　概　述

1. 地球站分类

按安装方式,地球站可分为固定地球站、移动地球站和可搬运地球站。

固定地球站:建成后站址不变的地球站。

移动地球站:在移动中通过卫星完成通信的地球站,站址能移动,如车载站、船载站、机载站等。

可搬运地球站:在短时间内能拆卸转移,强调地球站的便携性,能够快速启动卫星通信的地球站。

按天线尺寸和设备规模,地球站可分为大型站(天线口径一般为 11～30 m)、中型站(天线口径一般为 5～10 m)、小型站(天线口径一般为 3.5～5.5 m)和微型站(天线口径一般为 1～3 m)。

按用途,地球站可分为军用、民用、广播(包括电视接收站)、航空、航海、试验站等类型。

按业务性质,地球站可分为遥测/遥控跟踪地球站、通信参数测量地球站和通信业务地球站。

2. 地球站组网

在星形网络中,各远端小站都直接与主站发生联系,小站之间不能通过卫星直接相互通信,如图 3 - 2(a)所示。

星形网络适合于星状广播网等需要进行点到多点间通信的应用环境,如单向的广播电视网。

在网格形网络中,所有地球站彼此相互直接连接在一起。主站与小站之间、小站与小站之间可通过卫星直接通信,如图 3 - 2(b)所示。

网格形网络比较适合于点到点之间进行实时性通信的应用环境。

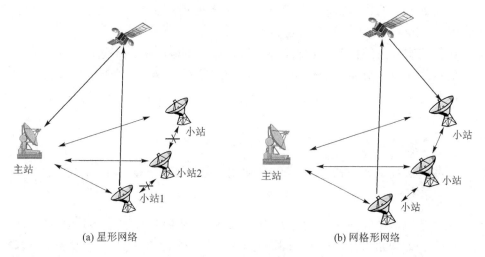

图 3 - 2　地球站组网示意图

3.2.2　地球站组成

卫星通信地球站主要包含天线分系统、发射分系统、接收分系统、通信控制分系统、信道终端设备分系统和电源分系统六个分系统,如图 3 - 3 所示。

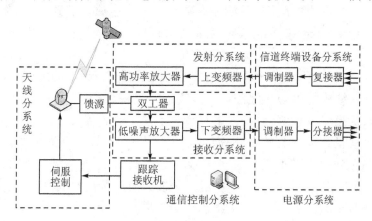

图 3 - 3　地球站结构

天线分系统的作用:将发射机送来的射频信号变成定向辐射的电磁波,经天线向卫星方向辐射;同时,将卫星发来的微弱电磁波能量有效地转换成高频功率信号,送往接收机。由于收、发信机共用一副天线,为使收、发信号隔开,通常还需要接入一只双工器。

发射分系统的作用:将调制后的中频信号经过变频、放大等处理后,将射频信号送往天线分系统。

接收分系统的作用:接收天线分系统送来的射频信号,经过放大、变频等处理之后,将中频信号传输到终端进行解调。

通信控制分系统的作用:监视、控制和测试,使地球站各部分正常工作。

信道终端设备分系统的作用:完成基带信号到中频信号的调制与解调。

电源分系统的作用:供应站内全部设备所需要的电能,它关系到通信的质量及设备的可靠性。

1. 天线分系统

天线分系统主要包括地球站天线、馈源及天线伺服跟踪系统等。

(1) 地球站天线

大多数地球站天线采用的是反射面天线,电波经过一次或多次反射向空间辐射出去。地球站常用的天线有抛物面天线、偏馈天线、格里高利天线、卡塞格伦天线、环焦天线等。

反射面天线有一定的天线增益,天线增益在天线的电磁轴线(boresight)上达到最大,可以表示为

$$G_{\max} = \left(\frac{4\pi}{\lambda^2}\right) A_{\text{eff}} = \left(\frac{4\pi}{\lambda^2}\right) A\eta = \left(\frac{\pi Df}{c}\right)^2 \eta$$

其中,$\lambda = c/f$ 为电磁波波长;f 为电磁波频率;c 为电磁波波速;A_{eff} 为天线的有效接收面积(effective aperture area);η 为天线效率;D 为天线口径;A 为天线开口面积。

抛物面天线由抛物面反射器和馈源组成,馈源位于反射面的焦点处,如图 3－4 所示。它具有结构简单、方向性强、工作频带宽等特点;具有噪声温度较高、馈源和低噪声放大器等器件遮挡信号、馈线较长不便于安装等缺点。

偏馈天线的馈源在旋转抛物面的焦点处,但是天线的馈源和高频头的安装位置不在与天线中心切面垂直且过天线中心的直线上,因此没有馈源阴影的影响,从而提高天线效率,如图 3－5 所示。偏馈天线的特点是效率较高、旁瓣较低,但交叉极化较差,多用于小口径天线。

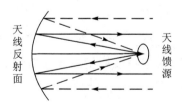

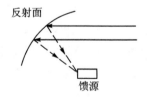

图 3－4　抛物面天线示意图　　　　图 3－5　偏馈天线示意图

卡塞格伦天线是一种双反射面天线,由主反射面、副反射面和馈源三部分组

成,如图 3 - 6 所示。卡塞格伦天线的优点是天线的效率高,噪声温度低,馈源和低噪声放大器可以安装在天线后方,从而减小馈线损耗带来的不利影响。但是副反射面遮挡了一部分能量,使得天线的效率降低。

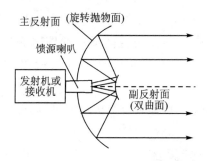

图 3 - 6　卡塞格伦天线示意图

(2) 馈　源

馈源的作用是将发射机送来的射频信号传送到天线上去,同时将天线接收到的信号送到接收机。

反射面天线馈源以喇叭天线为主,按工作模式分类有基模、双模、多模、混合模等;按截面形状分类有矩形、圆形、椭圆和同轴形等。

(3) 天线伺服跟踪系统

天线伺服跟踪系统常用于体积较大的地球站,主要用于控制地球站天线的转角或位移,使它能自动、连续、精确地实现输入指令的变化规律,准确、稳定地跟踪通信卫星,保证通信正常进行。

2. 发射分系统

发射分系统由上变频器、自动功率控制电路、发射波合成装置、激励器和高功率放大器等组成。

功率放大器的作用是在保证信号失真度的条件下,将待发送的一个或多个信号的功率放大到期望值。发射机中的功率放大器一般由行波管功率放大器或速调管功率放大器组成。

变频器的作用是将信号频谱从一个频率搬移到另一个频率上。变频器由混频器和本机振荡器两部分组成。

混频器是非线性器件,当输入两个频率时(中频信号和本振频率)会输出这两个基波信号和新的频率分量。组合频率中最主要的是两个输入频率的和频与差频。如果取和频,则称此变频器为上变频器;如果取差频,则称此变频器为下变频器。

发射分系统中采用的是上变频器,将频率较低的中频信号变换到频率较高的射频信号;接收分系统中采用的是下变频器,将频率较高的射频信号变换到频率较低的中频信号。

3. 接收分系统

接收分系统主要包括功率放大器和下变频器两部分。

接收分系统的功率放大器在具备高增益的同时必须具有低噪声特性,又称为低噪声放大器。低噪声放大器还应具有宽频带、高稳定性以及高可靠性的特点。

微波波段常用的低噪声放大器主要是微波双极晶体管放大器和微波场效应管放大器。

4. 信道终端设备分系统

信道终端设备分系统是地球站与地面传输信道的接口,由若干调制解调器组成。

调制解调器的主要功能:

① 将接收输入的数据进行接口转换,经过信道编码和载波调制后,输出中频信号,送往发射分系统进行上变频。

② 接收来自接收分系统的受噪声污染的中频信号,进行解调和译码,然后通过接口输出对端发送的业务数据。

3.2.3　地球站选址和布局

1. 地球站选址

(1) 地球站选址的考虑因素

卫星通信地球站站址的选择需要综合考虑地球站类型、传输的业务类型、地理环境、电磁环境、气象环境、运行保障等因素。

电磁环境因素:包括与陆地微波通信系统的相互干扰、与雷达站之间的相互干扰、与地球站附近飞机的相互干扰以及其他的电子干扰,要保证各电磁系统间不会产生相互影响。

地理环境因素:地球站的位置应处在交通运输、施工安装、水电供应及通信条件便利的地方。

气象环境因素:大风、降雨等恶劣的天气将使卫星信道的传输损耗和噪声增大,从而降低线路的性能。

安全因素:包括电磁辐射对人体的影响和地面易燃易爆物的安全隐患等。

(2) 站址选择的一般程序

站址选择一般经过系统设计、现场勘查、干扰测试和选址报告四个程序。

2．地球站布局

决定地球站布局的因素主要有地球站的规模、地球站的设备制式和相关管理及维护要求。

(1) 地球站的规模

如果地球站只需同一颗地球静止轨道卫星通信,则仅需要一副天线和一套通信设备;如果地球站需同两颗或两颗以上卫星进行通信,就需要两副天线或多副天线,以及两套或多套通信设备。对近地轨道运行卫星的地球站,则需以站房为中心,在距离几百米的位置上设置多个天线,以避免天线之间在跟踪任意轨道的卫星时可能发生的相互干扰。

(2) 地球站的设备制式

基带传输制布局:需要在天线水平旋转部位设置较大的机房,需要接纳发射和接收分系统的大部分设备,并采用基带传输方法与主机房的基带和基带以下的设备进行连接。

中频传输制布局:将调制、解调设备及中频以下设备安装在主机房内,并通过同轴电缆与天线塔上机房的中频以上设备相连接。

微波传输制布局:将接收分系统的低噪声放大器和发射分系统的功率放大器装在天线塔上的机房里,并采用微波传输方法与设置在主机房的其他设备连接。

直接耦合制布局:将天线放在楼顶上,将低噪声放大器放在天线初级辐射器底部承受仰角旋转的位置上,下面是功率放大器,再下面是其他设备。

混合传输制布局:只把低噪声放大器放在天线辐射器底部承受仰角旋转的位置上,而将其余设备全部放在主机房内。

3.2.4　地球站与 STK 仿真

1．固定地球站仿真

固定地球站仿真方式:插入 Facility、Place、Target 三种对象。

地球站插入方法:通过"Insert"菜单栏从数据库插入;通过"Insert"菜单栏插入默认对象(见图 3-7);通过"Default"工具栏中的"Insert Default Object"插入默认对象。

插入对象后右击选择"Rename",输入相应的对象名称。选中对象后右击,选择"Properties"(或者选中对象后双击),弹出"Properties"窗口,如图 3-8 所示。

固定地球站的位置可以通过修改"Latitude"(纬度)、"Longitude"(经度)、"Altitude"(高度)来改变。

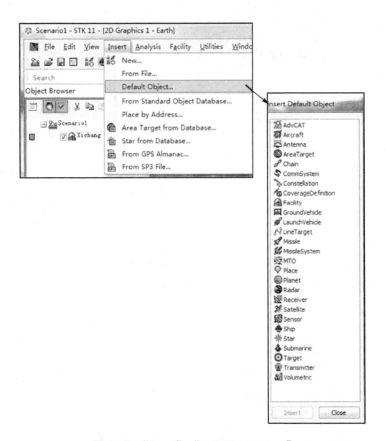

图 3 - 7　"Insert"→"Default Object. . ."

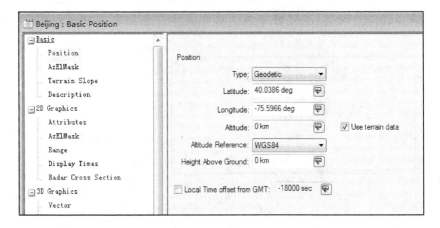

图 3 - 8　Place 对象的"Properties"窗口

2. 移动地球站仿真

移动地球站可分为车载站、船载站、机载站,对应 STK 仿真软件中的三类对象:GroundVehicle、Ship、Aircraft。移动地球站对象插入方法与固定地球站相同,但是插入对象后,需要设置对象的路径。

选中移动对象后右击选择"Properties",打开"Properties"窗口,如图 3-9 所示。选择"Basic"→"Route",单击右侧的"Insert Point"按钮会插入移动对象的"Latitude"(纬度)、"Longitude"(经度)、"Altitude"(高度)、"Speed"(速度)等一行位置点。修改纬度、经度和高度可以改变对象的位置,根据对象的实际情况合理设置其速度。也可以在二维场景中选择移动对象经过的位置从而确定移动路径。在运行场景时,对象会沿着设定的路径和设置的速度移动。

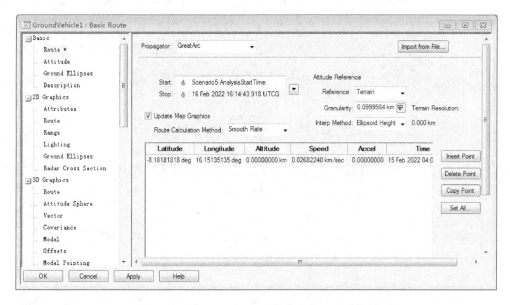

图 3-9　GroundVehicle 对象的"Properties"窗口

3. 地球站天线仿真

Antenna(天线)是附属对象,不能直接插入,需要在 Aircraft、Facility、Satellite 等对象下插入。

插入 Antenna 对象后右击选择"Properties",打开"Properties"窗口,如图 3-10 所示。可以选择天线类型,设置"Design Frequency"(频率)、"Beamwidth"(波束宽度)、"Diameter"(口径)、"Efficiency"(效率)等参数。

图 3 - 10 Antenna 对象的"Properties"窗口

3.3 习题讲解

【3-1】 地球站按照天线尺寸和设备规模可分为大型站、中型站、小型站和_____,其中_____天线的口径一般为 3.5～5.5 m,天线具有 G/T 值小、容量较小、价格便宜等特点。

知识点分析:该题考查的知识点是**地球站分类**。读者要了解地球站按天线尺寸和设备规模的分类以及不同地球站天线的尺寸。

答案:微型站、小型站。

解析:按照天线尺寸和设备规模分类是地球站的一个重要分类方法,天线尺寸对天线性能的影响较大,而 G/T 是接收系统品质因数,是衡量天线接收性能的一个重要参数。

【3-2】 发射分系统接收来自终端设备分系统的信号,将调制后的_____信号混频到_____信号,送往_____。

知识点分析:该题考查的知识点是**地球站组成**。读者要掌握地球站的六个组成部分,并了解各分系统的基本作用。

答案:中频、射频、天线分系统。

解析:用户产生的信号首先经过信道终端设备分系统,由调制器调制到中频后被送到发射分系统;发射分系统中的上变频器将中频信号混频至射频信号,信号经过功率放大器放大后被送到天线分系统;天线分系统将射频信号变为定向辐射的无线电波后向卫星发射,信号经卫星转发至地球站;地球站天线接收到信号后将它送到接收分系统;信号由低噪声放大器放大并经下变频器混频至中频信号后,被送到信道终端设备分系统;信号经解调、分接后到达用户。

读者在了解地球站组成的基础上需要了解信号在各分系统中的变化,从而更好地理解各分系统的作用。

【3-3】 地球站天线接收到的通信卫星转发的信号需要先经＿＿＿＿放大、再由＿＿＿＿变频后送往信道终端设备分系统。

知识点分析:该题考查的知识点是地球站接收分系统,涉及接收分系统的主要设备以及作用。

答案:低噪声放大器、下变频器。

解析:卫星通信由于通信距离远、信号衰减大,地球站接收到的信号非常微弱且容易被噪声污染,因此要求功率放大器在具备高增益的同时要有低噪声特性。信号需要经过低噪声放大器放大,放大后的射频信号需要经下变频器变频为中频信号后送到解调器。接收分系统主要包括低噪声放大器和下变频器两部分。

【3-4】 地球站的通信设备分别安装在天线塔和主机房内,它的布局由地球站的设备制式决定。其中＿＿＿＿布局将接收分系统的低噪声放大器和发射分系统的功率放大器装在天线塔上的机房里,并采用微波传输方法与设置在主机房的其他设备连接。

知识点分析:该题考查的知识点是地球站的设备制式。读者要了解不同传输制布局方式中主要设备的位置及信号传输形式。

答案:微波传输制。

解析:地球站的不同设备制式主要是指安装在天线塔和主机房内的通信设备不同,即天线塔和主机房之间传输的信号形式不同。读者要掌握地球站的主要设备及传输信号形式的变化。调制器实现基带信号到中频信号的变换,变频器实现中频信号与射频信号的变换。

基带传输制布局中地球站的大部分设备都在天线塔的机房内,采用基带传输方法与主机房的基带和基带以下的设备进行连接。天线塔和主机房之间传输的是基带信号。

中频传输制布局中将调制、解调设备及中频以下设备安装在主机房内,并通过同轴电缆与天线塔上机房的中频以上设备相连接。天线塔和主机房之间传输的是中频信号。

微波传输制布局中将接收分系统的低噪声放大器和发射分系统的功率放大器装在天线塔上的机房里,并采用微波传输方法与设置在主机房的其他设备连接。天线塔和主机房之间传输的是微波信号。

【3-5】 地球站接收卫星转发的微弱信号,其接收系统性能是卫星通信系统的重要参数,衡量地球站接收系统性能的参数是(　　)。

A. 发射天线增益　　　B. G/T 值　　　C. EIRP　　　D. 半波束宽度

知识点分析:该题考查的知识点是地球站的主要参数,涉及地球站的发射能力、接收能力等重要参数。

答案:B。

解析:A 选项中的发射天线增益是指发射天线比全向天线在最大辐射方向上的信号功率增加的倍数,与接收系统无关。

B 选项中的 G/T 是接收系统品质因数,正是衡量接收系统性能的参数。

C 选项中的 EIRP 是有效全向辐射功率,是衡量发射能力的一项重要指标,与接收系统无关。

D 选项中的半波束宽度也称为半功率波束宽度,是指在主瓣最大辐射方向两侧,辐射强度降低 3 dB(功率密度降低一半)的两点间的夹角。半波束宽度越小,天线的方向性越好,天线增益也就越大。

【3-6】 地球站天线一般采用反射面天线,电波经过一次或多次反射向空间辐射出去。下列关于天线的说法中正确的是(　　)。

A. 偏馈天线的馈源在旋转抛物面的焦点处,馈源的安装位置不在与天线中心切面垂直且过天线中心的直线上,因此也就没有馈源阴影的影响

B. 卡塞格伦天线的馈源和低噪声放大器可以安装在天线后方,从而减小馈线损耗带来的不利影响,而且不存在对信号的遮挡问题

C. 格里高利天线的馈源置于椭球面的一个焦点上,因此存在馈线较长不便于安装等缺点

D. 当偏馈天线采用双反射面时,副反射面的遮挡会造成天线的效率降低

知识点分析:该题考查的知识点是地球站天线。

答案:A。

解析:无论是正馈天线还是偏馈天线,馈源都在旋转抛物面的焦点处,但是由于偏馈天线是指旋转抛物面被与旋转抛物面旋转轴不同心的圆柱面截得的那部分曲面,因此馈源不会遮挡信号,故 A 选项正确。

卡塞格伦天线的馈源虽然在天线后方不会遮挡信号,但是副反射面会遮挡一部分信号,使得天线的效率降低,因此 B 选项不正确。

格里高利天线是一种双反射面天线,主反射面为旋转抛物面,副反射面为椭球面,馈源置于椭球面的一个焦点上,椭球面的另一个焦点与主反射面焦点重合,馈源在天线的后方,不存在馈线较长的问题,因此 C 选项不正确。

当偏馈天线采用双反射面(见图 3-11)时,馈源和副反射面不会遮挡信号,因此 D 选项不正确。

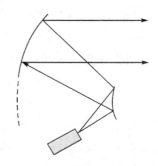

图 3-11　双反射面的偏馈天线

【3-7】　利用 STK 仿真软件可以仿真固定地球站、移动地球站等,下列说法正确的是(　　)。

A. 插入固定地球站时一定要知道地球站的经度、纬度和高度,否则无法插入地球站

B. 设置移动地球站的路径时只能在"Properties"窗口中设定多个位置点,从而产生一条移动的路径

C. STK 仿真软件可以开展简单的天线仿真,直接在场景中插入"Antenna"对象后可以设置天线的工作频率、天线口径等参数

D. Facility、GroundVehicle、Ship、Aircraft 等不同地球站对象仿真时插入对象的方法是类似的

知识点分析:该题考查 STK 仿真地球站的基本操作,包括插入地球站、设置移动地球站路径、设置天线等仿真内容。

答案:D。

解析:插入固定地球站可以通过设置地球站的经度、纬度和高度实现;也可以通过数据库直接搜索地球站名称(如"Xichang"),在搜索结果中选择地球站。因此 A 选项不正确。

设置移动地球站的路径有两种方法:一是在"Properties"窗口中选择"Basic"→"Route",通过插入位置点设置;二是打开"Properties",选中二维窗口,直接在二维窗口中单击舰船等移动目标要经过的位置后就会产生移动的路径。因此 B 选项不正确。

Antenna 对象是附属对象,不能在场景中直接插入,只能插入到 Aircraft、Facility、Satellite 等对象下,因此 C 选项不正确。

固定地球站 Facility,移动地球站 GroundVehicle、Ship、Aircraft 等对象的插入方法类似,均可以通过"Insert"菜单栏从数据库插入、通过"Insert"菜单栏插入

默认对象、通过"Default"工具栏中的"Insert Default Object"插入默认对象,因此 D 选项正确。

【3-8】 判断题:可搬运地球站可以在短时间内拆卸转移,通过该类型地球站能够在室内快速启动卫星通信。( )

知识点分析:该题考查不同类型地球站的主要特点以及卫星通信的基础知识。

答案:×。

解析:地球站分为固定地球站、移动地球站和可搬运地球站,其中可搬运地球站强调地球站的便携性,即短时间内可拆卸转移,利用可搬运地球站确实能够快速启动卫星通信。但是,卫星通信是视距通信,卫星与地球站之间不能有遮挡,在室内无法接收到卫星信号。

自测练习

一、填空题

1. 卫星通信系统中各地球站通过卫星按一定形式进行联系。在_____网络中,当小站之间需要通信时,需经_____转发才能进行连接和通信。

2. 地球站中的_____将信号频谱从一个频率搬移到另一个频率上,主要由混频器和本机振荡器两部分组成。

3. _____是指旋转抛物面被与旋转抛物面旋转轴不同心的圆柱面截得的那部分曲面,该类型的天线没有馈源阴影的影响,从而提高天线效率。

4. _____分系统是地球站与地面传输信道的接口,主要包括_____等设备,实现基带信号与中频信号的变换。

5. STK 仿真软件可以通过插入 Facility、Place、Target 对象的方式仿真固定地球站,固定地球站仿真时可以通过改变_____、_____和_____来修改对象的位置。

二、选择题

1. 按地球站安装方式分类,下列( )不是移动地球站。

A. 车载站　　　B. 船载站　　　　C. 可搬运站　　　D. 机载站

2. ( )的反射面由抛物面和双曲面组成,并且双曲面的虚焦点与抛物面焦点重合,使得电磁波经过主副反射面两次反射后,平行于抛物面法向方向定向辐射。

A. 抛物面天线　　　　　　　B. 卡塞格伦天线

C. 格里高利天线　　　　　　D. 环焦天线

3. 天际线仰角是地球站选址时需要考虑的因素之一,站址地的天际线仰角应足够小,保证地球站的可通视域范围,天际线仰角属于(　　　)因素。

A. 地理环境　　　　　　　　B. 电磁环境

C. 气象环境　　　　　　　　D. 安全

4. 天线是地球站的重要组成部分之一,下列(　　　)不是天线的功能。

A. 能量形式转变　　　　　　B. 发射和接收信号

C. "放大"信号功率　　　　　D. 选择工作频率

5. STK 仿真天线时,在 Antenna 对象的"Properties"窗口中默认条件下不能设置天线的(　　　)参数。

A. 工作频率　　　　　　　　B. 天线口径

C. 半波束宽度　　　　　　　D. 天线效率

三、判断题

1. 在网格形网络中,小站之间可以直接通信不需要主站的转发,小站的设备相对而言不能太简单。　　　　　　　　　　　　　　　　　　　　(　　)

2. 功率放大器工作在线性饱和点附近时具有非线性特性,为了减小非线性影响,可降低输入信号功率,使放大器工作在线性区。　　　　　　　　(　　)

3. 天线分系统实现信号的接收与发射,收发信号可以共用一副天线。(　　)

4. 格里高利天线是一种双反射面天线,主反射面为旋转抛物面,副反射面为双曲面,其虚焦点与抛物面焦点重合。　　　　　　　　　　　　　　(　　)

5. 馈源将发射机送来的射频信号转换为电磁波传送到天线上去,同时将天线接收到的信号转换为射频信号送到接收机。　　　　　　　　　　　　(　　)

6. 地球站电源分系统要供应站内全部设备所需要的电能,关系到地球站的可靠性和使用操作的安全性,地球站只能使用市电供电。　　　　　　　　(　　)

四、简答题

1. 地球站按照安装方式有哪些分类?请简要阐述。

2. 地球站天线分系统的组成有哪些?主要作用是什么?

3. 结合地球站的主要设备,简要阐述信号传输的主要过程。

4. 发射分系统的核心设备有哪些?作用是什么?

5. 地球站选址需要考虑哪些因素?

五、计算题

1. 已知地球站的工作频率为 12 GHz,天线效率为 0.55,若要使天线增益为 48.9 dB,则需要多大口径的天线?

2. STK 仿真地球站天线时,某地球站天线的参数如图 3-12 所示,请计算天线的增益有多大?

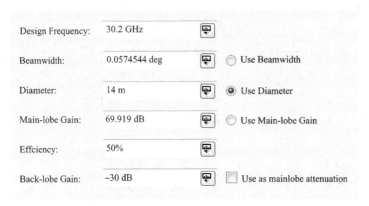

图 3-12　某双反射面偏馈天线参数

第4章 通信卫星

4.1 内容总览

通信卫星是卫星通信系统的空间段部分,主要包括有效载荷和卫星平台两部分。其中,有效载荷主要负责接收地球站的信号、信号变换和向地球站发送信号;卫星平台主要负责支持和保障有效载荷的正常工作。如图4-1所示,本章详

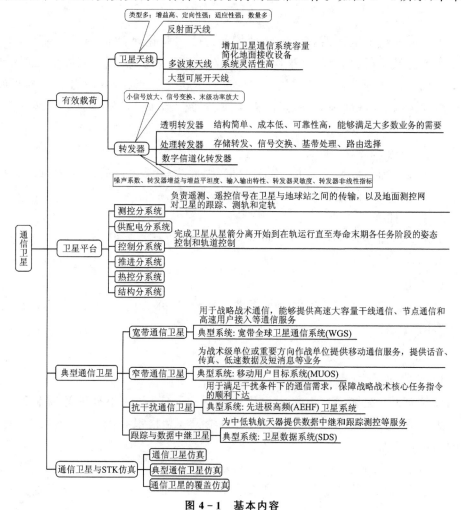

图4-1 基本内容

细阐述通信卫星的天线和转发器等有效载荷,介绍卫星平台的测控分系统、供配电分系统、控制分系统、推进分系统、热控分系统、结构分系统等,介绍几种典型通信卫星,并利用 STK 仿真软件开展通信卫星仿真及通信卫星的覆盖仿真。

4.2 学习要点

4.2.1 有效载荷

1. 卫星天线

(1) 卫星天线的特点

1) 类型多

为适应通信卫星通信容量的快速增长及多目标区域通信的发展需求,卫星天线主要包括反射面天线、标准圆或椭圆波束天线、赋形天线、多波束形成天线、大型可展开天线等多种类型。按照波束进行分类,卫星天线还可分为全向天线、全球波束天线、区域波束天线、点波束天线、多波束天线、可重构波束天线等多种类型。

2) 增益高、定向性强

由于卫星通信传输链路长,衰减严重,因此为保证通信的稳定性,通信卫星天线一般采用定向的微波天线,卫星天线的增益较高。

3) 适应性强

卫星天线需要具有良好的空间环境适用性,包括空间热交变、无源互调、静电放电、振动、冲击、共振等。

4) 数量多

由于通信卫星通常使用多种频率进行星地、星间通信,因此通信卫星上往往包含多副天线。

(2) 常用的通信卫星天线

1) 反射面天线

反射面天线是在通信卫星中应用最广泛的天线形式,根据馈源安装的位置可分为前馈式天线和后馈式天线。卡塞格伦天线和格里高利天线是通信卫星常用的后馈式天线。

2) 多波束天线

多波束天线是指能够同时形成多个独立的点波束的天线,具有增加卫星通信系统容量、简化地面接收设备和系统灵活性高等优点。多波束反射面天线、多波束透镜天线和多波束阵列天线是三种典型的多波束天线。

3）大型可展开天线

大型可展开天线在发射时收拢于火箭整流罩内,入轨后可自动展开到位。目前国际上主要的可展开网状天线按照其结构形式,可以分为环形天线、径向肋天线和构架式天线。

2. 转发器

转发器的功能是接收来自地面的微小信号,并将信号变换到下行信号和合适的功率电平上。根据处理信号的方式,转发器可以分为透明转发器和处理转发器。透明转发器仅对上行信号进行滤波、变频和放大,不对信号进行解调和处理,常见的有一次变频,也有多次变频,主要依据任务特点和任务要求进行选择。处理转发器是伴随大规模数字处理技术发展的产物,与透明转发器的最大区别在于它对信号的解调和再生处理,改变了基带的信号形式。

(1) 转发器分类

1）透明转发器

透明转发器结构简单、成本低、可靠性高,能够满足大多数业务的需要,在实际应用中占有重要地位。但是透明转发器存在系统不能随着业务量的变化而变化、无法进行较为细致的交换行为、多载波情况下系统容量和频率资源利用率低,以及互调干扰等问题。透明转发器基本结构如图 4 - 2 所示。

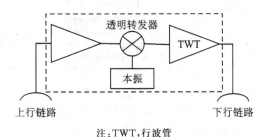

注:TWT,行波管

图 4 - 2 透明转发器基本结构

2）处理转发器

处理转发器是指具有星上交换与处理能力的转发器,能够实现存储转发、信号交换、基带处理、路由选择等功能,从而进一步提升卫星通信质量。处理转发器主要包括载波处理转发器、比特流处理转发器和全基带处理转发器三种。

载波处理转发器以载波为单位直接对射频(Radio Frequency,RF)信号进行处理,在某些情况下可能需要进行简单的频率变换,以便把载波信号变换到一个较适合处理的中频(Intermediate Frequency,IF)上,如图 4 - 3 所示。

比特流处理转发器先将射频信号变换为中频信号后对已调制的信号进行解

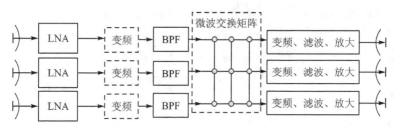

注:LNA,低噪声放大器;BPF,带通滤波器

图 4-3　载波处理转发器的信号处理过程

调,得到数字比特流;再将解调的信号重新调制,上变频为射频信号后放大发射,如图 4-4 所示。比特流处理转发器也称为再生式转发器。

注:LNA,低噪声放大器

图 4-4　比特流处理转发器的信号处理过程

全基带处理转发器具有星上基带信号处理和交换能力,能够实现解调、译码、存储、交换、重组帧、重编码和重调制等功能,有些还具有星上信令处理能力,如图 4-5 所示。

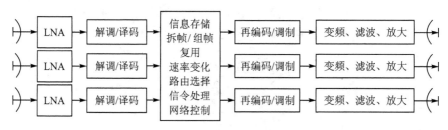

注:LNA,低噪声放大器

图 4-5　全基带处理转发器的信号处理过程

3) 数字信道化转发器

数字信道化转发器是软件定义有效载荷(Software Define Payload,SDP)和数字信号处理技术相结合的产物。如图 4-6 所示,数字信道化转发器的信号处理过程为:卫星接收天线将接收到的卫星上行信号送入低噪声放大器中进行放大,之后将放大的信号传送给下变频单元,从而改变信号频率,使信号变为合适的中频信号;随后系统又将模拟信号转换为数字信号并送入数字域中进行处理,被送进来的数字信号经过信道解复用处理之后,进入数字信道交换单元;交换后的信号经过信道复用、数/模转换之后,变成了模拟中频信号,此中频信号经模拟上变频、高功放放大,被馈入卫星发射天线,从而完成了整个星载信号交换过程。

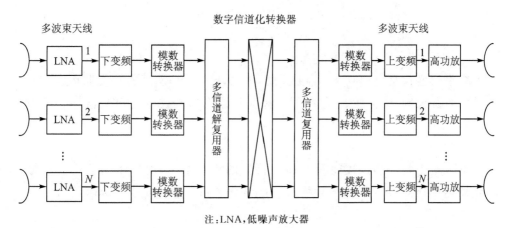

注：LNA，低噪声放大器

图 4 - 6　数字信道化转发器的信号处理过程

（2）转发器性能

一般来说，有效载荷的最主要性能指标是接收系统品质因数、有效全向辐射功率和饱和通量密度。相应的转发器的主要性能指标是噪声系数、转发器增益与增益平坦度、输入输出特性、转发器灵敏度、转发器非线性指标等。

1）噪声系数

噪声系数是评价接收机或低噪声放大器最主要的指标，定义为输入信噪比与输出信噪比的比值，噪声系数越小表明接收系统性能越好。噪声系数的计算公式为：

$$NF = \frac{S_i/N_i}{S_o/N_o}$$

其中，NF 为噪声系数；S_i/N_i 为输入信噪比；S_o/N_o 为输出信噪比。

为便于计算，通常也会使用接收机等效噪声温度 T_e。等效噪声温度的计算公式为

$$T_e = (NF - 1) T_0$$

其中，NF 为噪声系数；T_0 为环境噪声温度，取值 290～300 K。

用 dB 表示的噪声系数的计算公式为

$$NF = 10\lg\left(1 + \frac{T_e}{290}\right)$$

卫星转发器是多级级联系统，系统噪声的推算依据噪声系数级联公式

$$NF = NF_1 + \frac{NF_2 - 1}{G_1} + \frac{NF_3 - 1}{G_1 G_2} + \cdots$$

其中，NF_x 为第 x 级的噪声系数；G_x 为第 x 级的放大增益。

系统等效噪声温度的计算公式为

$$T_e = T_{e_1} + \frac{T_{e_1}}{G_1} + \frac{T_{e_2}}{G_1 G_2} + \cdots$$

2）转发器增益与增益平坦度

转发器增益是输出功率与输入功率之比，单位为 dB，通常转发器增益有几十分贝的可调范围，依据上行饱和通量密度和输出功率设置通道衰减器。增益平坦度是指转发器工作带宽内增益的最大变化。

3）输入输出特性

输入输出特性是描述转发器通道特性的重要指标，由一组函数或曲线描述转发器输出功率（P_o）随输入功率（P_i）的变化关系。输入输出计算函数为

$$P_o = f(P_i)$$

4）转发器灵敏度

转发器灵敏度反映了转发器满足最小信噪比所输入的最小工作电平。转发器灵敏度的计算公式为

$$S = -174 + NF + SNR + 10 \lg B$$

其中，S 的单位为 dBm；NF 是转发器接收机噪声系数，单位为 dB；SNR 是满足最小误码率所需要的最小信噪比，单位为 dB；B 是转发器工作带宽，单位为 Hz。

5）转发器非线性指标

常用的描述幅度的非线性指标有三阶互调和噪声功率比，测量多采用双音测试和噪声功率比测试。

4.2.2 卫星平台

卫星平台是由支持和保障有效载荷正常工作的所有服务系统构成的组合体。按卫星系统物理组成和服务功能不同，卫星平台可分为测控、供配电、控制、推进、热控、结构等分系统。

测控分系统的任务是负责遥测、遥控信号在卫星与地球站之间的传输，以及地面测控网对卫星的跟踪、测轨和定轨。

供配电分系统的任务是向整星输出稳定的一次电源并控制电源。

控制分系统的任务是完成卫星从星箭分离开始到在轨运行直至寿命末期各任务阶段的姿态控制和轨道控制。

推进分系统的任务是为卫星控制分系统提供控制力矩，为整星的轨道控制提供推力。

热控分系统的任务是确保卫星在发射主动段、转移轨道阶段以及同步轨道飞行等阶段，星上所有仪器、设备以及星体本身构件的温度都处在要求的范围之内。

结构分系统的任务是在满足总体规定的质量、强度、刚度、精度等要求下，提供一个满足需求的整星结构装配件。

4.2.3　典型通信卫星

宽带通信卫星主要用于战略战术通信，能够提供高速大容量干线通信、节点通信和高速用户接入等通信服务。宽带全球卫星通信系统（Wideband Global Satcom，WGS）是美军有史以来功率最高、传输能力最强的宽带卫星通信系统。

窄带通信卫星主要解决相对低速率的军事通信需求，提供话音、传真、低速数据及短消息等业务，主要为战术级单位或重要方向作战单位提供移动通信服务。特高频（Ultra High Frequency，UHF）军用卫星通信网、特高频后继星（UHF Follow On，UFO）卫星通信系统和移动用户目标系统（Mobile User Objective System，MUOS）是典型的军用窄带卫星通信系统。

抗干扰通信卫星主要用于满足干扰条件下的通信需求，保障战略战术核心任务指令的顺利下达，具有良好的抗干扰性、隐蔽性与抗核生存性，对于保证核战争环境下的指挥控制与通信至关重要。先进极高频（Advanced Extremely High Frequency，AEHF）卫星系统是典型的军用抗干扰卫星通信系统。

跟踪与数据中继卫星是特殊用途的通信卫星，主要用于为中低轨航天器提供数据中继和跟踪测控等服务。卫星数据系统（Satellite Data System，SDS）是典型的军用中继卫星通信系统。

4.2.4　通信卫星与 STK 仿真

1. 通信卫星仿真

新建 STK 仿真场景后，可以通过轨道生成向导仿真"Circular""Critically Inclined""Geosynchronous""Molniya""Repeating Ground Trace"等不同轨道的通信卫星。

2. 典型通信卫星仿真

典型通信卫星可以通过卫星数据库直接插入，插入卫星时选择"From Standard Object Database"，单击"Insert"按钮会弹出"Search Standard Object Data"对话框，如图 4-7 所示。可以通过"Name or ID""Owner""Mission"等方式快捷地插入一颗卫星。

3. 通信卫星的覆盖仿真

利用 STK 仿真软件可以仿真分析通信卫星对地球站的覆盖情况。

① 新建仿真场景，插入通信卫星和地球站。

② 选择通信卫星后右击,选择"Coverage…",弹出"Coverage"窗口,如图 4 - 8 所示。

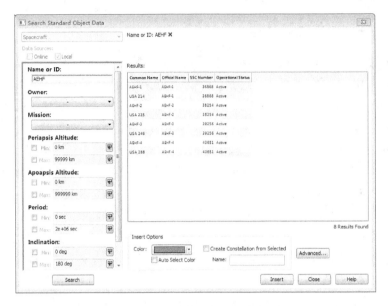

图 4 - 7　典型通信卫星仿真

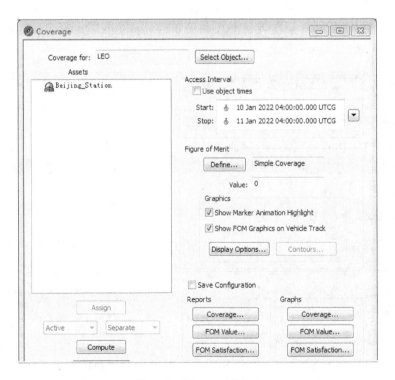

图 4 - 8　"Coverage"窗口

③ 在"Coverage"窗口中选择要分析的地球站,单击左下方的"Assign"按钮即可分析通信卫星对地球站的覆盖情况。

4.3　习题讲解

【4-1】_____是国内外新一代大容量通信卫星普遍采用的天线技术。

知识点分析:本题主要考查卫星天线的知识。卫星天线主要包括反射面天线、多波束天线和大型可展开天线三种。

答案:多波束天线。

解析:反射面天线是在通信卫星中应用最广泛的天线形式。多波束天线由于具有增加卫星通信系统容量、简化地面接收设备和系统灵活性高等特点,已成为国内外新一代大容量通信卫星普遍采用的天线技术。此外,在通信领域,信息空间向多维拓展是未来的发展趋势,空天地一体化信息网络的实现在很大程度上依赖于卫星通信系统的能力,为实现更快速、更优质的通信连接及网络服务,未来的通信卫星需要不断提高信号强度及通信质量,迫切需要大口径的星载天线。

因此,多波束天线是国内外新一代大容量通信卫星普遍采用的天线技术。

【4-2】请概述转发器的功能与工作原理。

知识点分析:本题主要考查转发器的基本知识。转发器的功能是指它在卫星通信中产生的作用,转发器的工作原理是指它的结构及其工作过程。

答案:转发器的功能是接收来自地面的微小信号,并将信号变换到下行信号和合适的功率电平上。

工作原理:

卫星转发器的结构如图4-9所示。其工作过程如下:

① 对接收天线收到的地球站发送的上行信号进行频率选择(即输入滤波)。

② 信号经过接收机中的低噪声放大器进行宽带放大,利用接收机中的混频器将信号频率转变为下行信号频率。

③ 通过输出滤波及分路器实现通道控制,使用一级或多级功率放大器对信号进行功率放大。

④ 利用输出滤波及合路器进行功率合成,重新合成后的下行信号通过发射天线发回地面,完成信号的中继转发任务。

解析:① 应明确考查的目标是转发器,并未特指透明转发器、处理转发器或数字信道化转发器。

② 明确解答的要点应主要包括两点:一是功能,二是工作原理。不能有

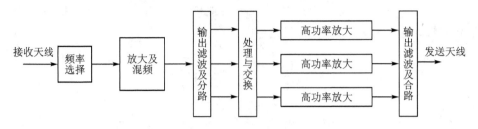

图 4-9 卫星转发器的结构

遗漏。

③ 在回答两个要点时,对于功能应该注重文字表述,而对于工作原理最好文图配合。

④ 关于工作原理的文字表述应该有逻辑性,即遵循先后顺序,分别阐述各部分的作用及信号处理流程。

【4-3】 某系统输入信号功率为 -80 dBm,输入噪声功率为 -120 dBm,输出信号功率为 -82 dBm,输出噪声功率为 -116 dBm,该系统的噪声系数是多少?

知识点分析:本题主要考查噪声系数的概念。系统的噪声系数为输入信噪比与输出信噪比的比值,即

$$NF = \frac{S_i/N_i}{S_o/N_o}$$

答案:6 dB 或 3.98。

解析:由题意可知,系统输入信号功率为 -80 dBm,输入噪声功率为 -120 dBm,输出信号功率为 -82 dBm,输出噪声功率为 -116 dBm,则输入信噪比的对数为 40 dB,输出信噪比的对数为 34 dB,即 NF 的对数为 40 dB$-$34 dB$=$6 dB,真值为 $10^{0.6} \approx 3.98$。

【4-4】 系统噪声系数为 3,在室温 290 K 情况下,其等效噪声温度为多少?

知识点分析:本题主要考查噪声系数与等效噪声温度的关系。通常接收机等效噪声温度用 T_e 表示,等效噪声温度计算公式为:

$$T_e = (NF - 1) T_0$$

其中,T_0 为环境噪声温度。

答案:580 K。

解析:由题意可知,系统噪声系数为 3,环境温度为 290 K,则等效噪声温度

$$T_e = (NF - 1) T_0 = (3 - 1) \times 290 \text{ K} = 580 \text{ K}$$

【4-5】 卫星转发器带宽为 20 MHz,在 10^{-5} 误码率时,其接收机最小信噪比为 10 dB,等效噪声温度为 1 160 K,则卫星转发器灵敏度是多少?

知识点分析：本题主要考查卫星转发器灵敏度的概念。转发器灵敏度反映了转发器满足最小信噪比所输入的最小工作电平。转发器灵敏度的计算公式为：

$$S = -174 + NF + SNR + 10lg\ B$$

其中，S 的单位为 dBm；NF 是转发器接收机噪声系数，单位为 dB；SNR 是满足最小误码率所需要的最小信噪比，单位为 dB；B 是转发器工作带宽，单位为 Hz。

答案：-84 dBm。

解析：由题意可知，在 10^{-5} 误码率时，其接收机最小信噪比为 10 dB，则 SNR＝10 dB。另外，由等效噪声温度为 1 160 K，以及等效噪声温度和噪声系数的关系，可得

$$NF = 10lg\left(1 + \frac{T_e}{290}\right) = 10lg\left(1 + \frac{1\ 160}{290}\right)\ dB \approx 7\ dB$$

$$S = -174 + NF + SNR + 10lg\ B$$
$$= -174 + 7\ dB + 10\ dB + 10lg\ 2 \times 10^7\ Hz$$
$$= -84\ dBm$$

【4-6】 美军的＿＿＿＿＿＿＿主要包括特高频（UHF）军用卫星通信网、特高频后继星（UFO）卫星通信系统和移动用户目标系统（MUOS）。

知识点分析：本题主要考查对典型通信卫星的知识点的掌握程度。典型通信卫星可从宽带、窄带、抗干扰和数据中继等方面进行分类。

答案：窄带卫星通信系统。

解析：美军已建成"宽带、窄带、受保护、中继"四位一体的军事通信卫星体系。其中，宽带通信卫星主要用于战略战术通信，典型系统是宽带全球卫星通信系统（WGS）。窄带通信卫星主要解决相对低速率的军事通信需求，典型系统是特高频（UHF）军用卫星通信网、特高频后继星（UFO）卫星通信系统和移动用户目标系统（MUOS）。抗干扰通信卫星主要用于满足干扰条件下的通信需求，典型系统是先进极高频（AEHF）卫星系统。跟踪与数据中继卫星是特殊用途的通信卫星，典型系统是卫星数据系统（SDS）。

因此，美军的窄带卫星通信系统主要包括特高频（UHF）军用卫星通信网、特高频后继星（UFO）卫星通信系统和移动用户目标系统（MUOS）。

自测练习

一、填空题

1. 通信卫星的有效载荷一般由_____和_____两部分组成。

2. 卫星转发器主要包括_____、_____和_____三类。

3. 转发器的主要性能指标是_____、转发器增益与增益平坦度、输入输出特性、_____、转发器非线性指标等。

4. 按卫星系统_____和服务功能不同,卫星平台可分为_____、供配电、控制、推进、热控、结构等分系统。

5. _____是美军有史以来功率最高、传输能力最强的宽带卫星通信系统。

6. 借助 STK 仿真软件可以仿真分析通信卫星对地球站的覆盖情况,选择通信卫星后右击选择_____即可弹出覆盖分析的窗口,选择要分析的对象,即可开展覆盖性分析。

二、选择题

1. 卫星天线具有(　　)的特点。

A. 类型多　　　　　B. 增益高、定向性强

C. 适应性强　　　　D. 数量多

2. 在通信卫星中应用最广泛的天线形式是(　　)。

A. 多波束天线　　　B. 反射面天线

C. 大型可展开天线　D. 点波束天线

3. 透明转发器存在的缺点包括(　　)。

A. 星上信号交换矩阵全部属于硬连接范畴

B. 网络路由是固定选择模式

C. 在多载波的情况下通常需要采取一定的功率回退措施以适应功放的非线性

D. 产生互调干扰

4. 在处理转发器中,(　　)以载波为单位直接对射频(Radio Frequency, RF)信号进行处理。

A. 比特流处理　　　B. 数字信道化转发器

C. 载波处理转发器　D. 全基带处理转发器

5. 测控分系统的功能不包括(　　)。

A. 地面测控网对卫星的跟踪、测轨

B. 遥测、遥控信号在卫星与地球站之间的传输

C. 卫星的姿态控制和轨道控制

D. 地面测控网对卫星的定轨

三、判断题

1. 多波束天线可以同时形成多个独立的点波束,因此可以使用空间隔离和极化隔离,实现多次频率复用,从而大大增加使用带宽,提高系统的通信容量。

（　　）

2. 径向肋天线是一种多波束天线。（　　）

3. 环形天线具有高可靠、高收纳比、质量轻等特点。（　　）

4. 透明转发器结构简单、成本低、可靠性高,能够满足大多数业务的需要。

（　　）

5. 移动用户目标系统（Mobile User Objective System,MUOS）是一种抗干扰卫星通信系统。（　　）

6. 先进极高频（Advanced Extremely High Frequency,AEHF）卫星系统是一种窄带通信卫星系统。（　　）

7. 在多级级联系统中,前级放大倍数越大,后级对噪声系数的影响越大,因此接收机前端损耗越大,接收机增益越高,对提高噪声系数指标越有利。（　　）

四、简答题

1. 按照轨道高度的不同,通信卫星可以分为哪几类?

2. 相比地面无线通信系统天线,卫星天线具有哪些特点?

3. 简要叙述再生式转发器的工作原理。

4. 简述卫星平台测控、控制和热控分系统的功能。

5. 简述美军的军事通信卫星体系。

五、计算题

1. 某卫星转发器工作带宽为 100 kHz,噪声系数为 2 dB,误码率为 10^{-5} 时解调所需要的信噪比为 5 dB,计算转发器的灵敏度。

2. 一个接收机的噪声系数为 12 dB,与该接收机相连的低噪声放大器的增益为 40 dB,噪声温度为 120 K。计算低噪声放大器输入端的总噪声温度。

3. 某衰减器衰减量为 6 dB,计算:

(1) 噪声系数。

(2) 折算到输入端的等效噪声温度。

4. 两个放大器级联,每个放大器的增益为 10 dB,等效噪声温度为 200 K。计算:

(1) 总增益。

(2) 折算到输入端的等效噪声温度。

第 5 章　卫星链路

5.1　内容总览

通信卫星与通信卫星、通信卫星与地球站之间利用卫星链路实现信息传输。如图 5-1 所示,本章介绍无线电波的分类及其传播方式;简要阐述卫星链路类型

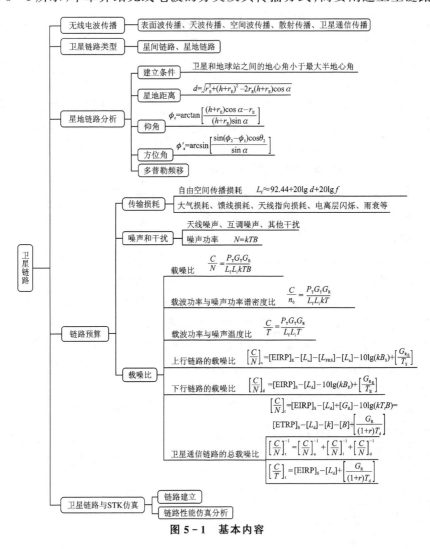

图 5-1　基本内容

以及星间链路和星地链路的基本情况;分析星地链路的重要参数,主要包括星地距离、仰角、方位角和多普勒频移等;介绍链路预算分析方法以及传输损耗、噪声和干扰及载噪比等概念;利用 STK 仿真软件仿真通信链路,并进行链路性能仿真分析。

5.2　学习要点

5.2.1　无线电波传播

无线电波可由电磁振荡电路通过天线发射。由于无线电波的波长(频率)不同,其传播特性、传播方式和应用范围也不同,因此通常把无线电波划分成若干波段,见表 5-1 所列。从表中可以看出,无线电波的传播方式主要分为表面波、天波和空间波,此外,还有散射传播和卫星通信传播等。

表 5-1　无线电波的波段划分及传播方式

波　段		波长/m	频　率	传播方式	应用范围
超长波		>10 000	3~30 kHz	表面波	潜艇通信、远洋通信、地下通信、海上导航
长波		1 000~10 000	30~300 kHz	表面波	
中波		100~1 000	300 kHz~3 MHz	天波、表面波	航海、航空通信及导航
短波		10~100	3~30 MHz	天波	远距离通信
超短波(米波)		1~10	30~300 MHz	天波、空间波	地面视距通信
微波	分米波	0.1~1	300 MHz~3 GHz	天波、空间波	中小容量中继通信
	厘米波	0.01~0.1	3~30 GHz	天波、空间波	大容量中继通信、卫星
	毫米波	0.001~0.01	30~300 GHz	空间波	波导通信
	亚毫米波	0.000 1~0.001	300~3 000 GHz	空间波	

5.2.2　卫星链路类型

卫星通信的传输链路分为星间链路和星地链路。

1. 星间链路

星间链路是指卫星与卫星之间的信息传输链路,即卫星波束并不指向地球而指向其他卫星,在自由空间内进行传播。它分为微波链路和激光链路,目前主要研究的是微波链路。卫星之间的星间链路常见的有以下三种:

① 地球静止轨道卫星之间的星间链路(GEO - GEO)。

② 低轨道卫星之间的星间链路(LEO - LEO)。

③ 地球静止轨道卫星同低轨道卫星之间的星间链路(GEO - LEO),又称为轨道间链路(Iner-Orbit Link,IOL)。

2. 星地链路

星地链路是指卫星到地面节点之间的信息传输链路。其中地球站到卫星之间的链路称为上行链路,而卫星到地球站之间的链路称为下行链路。星地之间的电波传播特性由自由空间传播特性和近地大气层的各种影响所决定,主要采用微波链路。

5.2.3 星地链路分析

1. 星地链路建立条件

地球站可以建立星地链路的条件是必须满足天线的最小仰角 $\phi_{e_{\min}}$,最小仰角对应的地心角为最大半地心角 $\alpha_{\max}$,如图 5 - 2 所示,二者关系可表示为

$$\alpha_{\max} = \arccos\left[\frac{r_E}{h + r_E}\cos\phi_{e_{\min}}\right] - \phi_{e_{\min}}$$

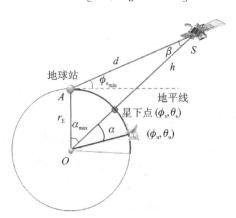

图 5 - 2　星地链路判断

卫星与地面站之间的实际地心角 α 可以表示为

$$\alpha = \arccos[\sin(\theta_s) \cdot \sin(\theta_u) + \cos(\theta_s) \cdot \cos(\theta_u) \cdot \cos(\phi_s - \phi_u)]$$

其中,(ϕ_s, θ_s) 为卫星的星下点经纬度;(ϕ_u, θ_u) 为地球站经纬度。

卫星可以与地面站建立星地链路的条件是 $\alpha \leqslant \alpha_{\max}$。

2. 星地距离

假设地球站和卫星满足条件可以建立星地链路。如图 5 - 3 所示,在地心 O、卫星 S 和地球站 A 组成的三角形 OAS 内,边 OA 是地球半径 r_E,边 OS 是轨道高度 h 加地球半径 r_E,通过余弦定理可以得到星地距离 d 与轨道高度 h 和地心

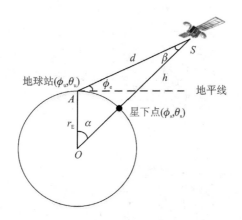

图 5 - 3　星地距离与仰角示意图

角 α 的关系为

$$d = \sqrt{r_{\mathrm{E}}^2 + (h + r_{\mathrm{E}})^2 - 2r_{\mathrm{E}}(h + r_{\mathrm{E}})\cos \alpha}$$

其中, α 为卫星与地球站之间的地心角。

3. 仰　角

仰角是指地球站天线轴线与地平线之间的夹角, 如图 5 - 3 所示。

在卫星 S、地球站 A 和地心 O 组成的三角形内, 利用正弦定理可以得到仰角与卫星轨道高度和地心角之间的关系。

地球站天线仰角可以表示为：

$$\phi_{\mathrm{e}} = \arctan\left[\frac{(h + r_{\mathrm{E}})\cos \alpha - r_{\mathrm{E}}}{(h + r_{\mathrm{E}})\sin \alpha}\right]$$

其中, h 为卫星轨道高度； r_{E} 为地球半径； α 为卫星与地球站之间的地心角。

4. 方位角

方位角是指从正北方起在地平面上依顺时针方向至目标方向线的水平夹角, 如图 5 - 4 所示。

由卫星星下点的经纬度和地球站的经纬度可以计算得到卫星星下点与地球站连线与地球站所在经线的夹角

$$\phi_{\mathrm{a}}' = \arcsin\left[\frac{\sin(\phi_2 - \phi_1)\cos \theta_2}{\sin \alpha}\right]$$

实际方位角的计算需要区分地球站位于北半球还是南半球、卫星与地球站之间的相对位置。

如果地球站在北半球, 则

$$方位角 = \begin{cases} 180° - \phi_{\mathrm{a}}' & (卫星位于地球站东侧) \\ 180° + \phi_{\mathrm{a}}' & (卫星位于地球站西侧) \end{cases}$$

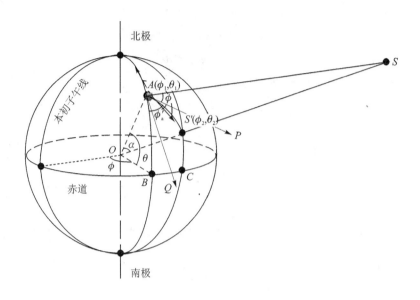

图 5 - 4　方位角计算

如果地面站在南半球,则

$$
方位角 = \begin{cases} \phi'_a & （卫星位于地球站东侧） \\ 360° - \phi'_a & （卫星位于地球站西侧） \end{cases}
$$

5. 多普勒频移

　　卫星与地球站之间的相对运动会产生多普勒效应,通信时多普勒效应引起的附加频移称为多普勒频移(Doppler Shift)。多普勒频移与工作频率、卫星与地球站的相对运动速度有关,可以表示为:

$$
\Delta f = \frac{f v_T}{c}
$$

其中,Δf 表示多普勒频移;f 为工作频率;v_T 为卫星与地球站的相对运动速度;c 为光速。

5.2.4　链路预算

1. 传输损耗

(1) 自由空间传播损耗

　　电磁波在自由空间的传播是无线电波最基本、最简单的传播方式。电磁波在传播过程中,能量将随传输距离的增加而扩散,由此引起的传播损耗为自由空间传播损耗,可表示为

$$L_f \approx 92.44 + 20\lg d + 20\lg f$$

其中，L_f 表示自由空间传播损耗，单位为 dB；d 表示传输距离，单位为 km；f 表示工作频率，单位为 GHz。

(2) 其他损耗

其他损耗主要包括大气吸收损耗、馈线损耗、天线指向损耗、法拉第旋转、电离层闪烁、雨衰和多径衰落等。

2. 噪声和干扰

地球站接收系统天线接收到的噪声如图 5-5 所示。

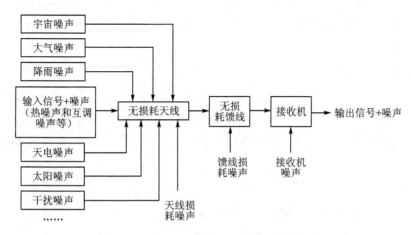

图 5-5 地球站接收系统天线接收到的噪声

对于具有热噪声性质的噪声，噪声功率可表示为

$$N = kTB$$

其中，玻尔兹曼常数 $k = 1.38 \times 10^{-23}$ J/K；T 为接收系统的等效噪声温度，包括天线等效噪声温度和接收机内部噪声的等效噪声温度；B 为等效噪声带宽，单位为 Hz。

3. 载噪比

载噪比是指接收系统输入端信号的载波功率与噪声功率之比，是决定一条卫星通信链路传输质量的最主要指标。接收信号的载噪比（载波功率与噪声功率之比）C/N 可表示为

$$\frac{C}{N} = \frac{P_T G_T G_R}{L_f L_i kTB}$$

其中，P_T 为发射功率；G_T 为发射天线增益；G_R 为接收天线增益；L_f 为自由空间传播损耗；L_i 为其他损耗之和；T 为等效噪声温度；B 为等效噪声带宽；k 为玻尔

兹曼常数,$k = 1.38 \times 10^{-23}$ J/K。

载波功率与噪声功率谱密度之比 C/n_0 和载波功率与噪声温度之比 C/T 可分别表示为

$$\frac{C}{n_0} = \frac{P_T G_T G_R}{L_f L_i k T}$$

$$\frac{C}{T} = \frac{P_T G_T G_R}{L_f L_i T}$$

其中,G_R/T 称为接收系统的品质因数,是评价接收系统性能好坏的重要参数。

(1) 上行链路载噪比与卫星品质因数

卫星转发器接收机输入端的载噪比可以用对数表示为

$$\left[\frac{C}{N}\right]_U = [\text{EIRP}]_E - [L_U] - [L_{FRS}] - [L_a] - 10\lg(kB_S) + \left[\frac{G_{R_S}}{T_S}\right]$$

其中,$[\text{EIRP}]_E$ 为地球站有效全向辐射功率;$[L_U]$ 为上行链路传播损耗;$[G_{R_S}]$ 为卫星转发器接收天线增益;$[L_{FRS}]$ 为卫星转发器接收系统馈线损耗;$[L_a]$ 为大气损耗;T_S 为卫星转发器输入端等效噪声温度;B_S 为卫星转发器接收机带宽。

$\dfrac{G_{R_S}}{T_S}$ 称为卫星接收机的品质因数。

(2) 下行链路载噪比与地球站品质因数

下行链路的载噪比可以用对数表示为

$$\left[\frac{C}{N}\right]_D = [\text{EIRP}]_S - [L_D] - 10\lg(kB_E) + \left[\frac{G_{R_E}}{T_E}\right]$$

其中,$[\text{EIRP}]_S$ 是卫星转发器的有效全向辐射功率;$[L_D]$ 为下行链路传播损耗;$[G_{R_E}]$ 为地球站接收天线增益;T_E 为地球站接收机输入端等效噪声温度;B_E 为地球站接收机的频带宽度。

$\dfrac{G_{R_E}}{T_E}$ 称为地球站品质因数。

(3) 卫星转发器载波功率与互调噪声功率

当卫星转发器同时放大多个信号载波时,由于行波管的幅度非线性和相位非线性的作用,会产生一系列互调产物。其中,落入信号频带内的那部分就成为互调噪声。

如果近似认为互调噪声是均匀分布的话,那么可采用和热噪声类似的处理办法,求得载波互调噪声比,也可用 $\left[\dfrac{C}{N}\right]_I$ 或 $\left[\dfrac{C}{T}\right]_I$ 来表示,且

$$\left[\frac{C}{T}\right]_{\mathrm{I}} \approx \left[\frac{C}{N}\right]_{\mathrm{I}} - 228.6 + 10\lg B$$

（4）卫星通信链路的总载噪比

整个卫星线路的总载噪比为

$$\left[\frac{C}{N}\right]_{\mathrm{t}} = [\mathrm{EIRP}]_{\mathrm{S}} - [L_{\mathrm{D}}] + [G_{\mathrm{R}}] - 10\lg(kT_{\mathrm{i}}B)$$

$$= [\mathrm{EIRP}]_{\mathrm{S}} - [L_{\mathrm{D}}] - [k] - [B] + \left[\frac{G_{\mathrm{R}}}{(1+r)T_{\mathrm{d}}}\right]$$

其中，$r = \dfrac{T_{\mathrm{u}} + T_{\mathrm{i}}}{T_{\mathrm{d}}}$；$T_{\mathrm{u}}$ 表示上行链路的噪声温度；T_{i} 表示转发器的噪声温度；T_{d} 表示下行链路的噪声温度。

也可以用 $\left[\dfrac{C}{T}\right]_{\mathrm{t}}$ 来表示为

$$\left[\frac{C}{T}\right]_{\mathrm{t}} = [\mathrm{EIRP}]_{\mathrm{S}} - [L_{\mathrm{D}}] + \left[\frac{G_{\mathrm{R}}}{(1+r)T_{\mathrm{d}}}\right]$$

其中，$\left[\dfrac{C}{T}\right]_{\mathrm{t}}$ 可以表示为

$$\left[\frac{C}{T}\right]_{\mathrm{t}}^{-1} = \left[\frac{C}{T}\right]_{\mathrm{U}}^{-1} + \left[\frac{C}{T}\right]_{\mathrm{I}}^{-1} + \left[\frac{C}{T}\right]_{\mathrm{D}}^{-1}$$

$$= 10\lg\left(10^{-\left[\frac{C}{T}\right]_{\mathrm{U}}/10} + 10^{-\left[\frac{C}{T}\right]_{\mathrm{I}}/10} + 10^{-\left[\frac{C}{T}\right]_{\mathrm{D}}/10}\right)$$

也可以表示为

$$\left[\frac{C}{N}\right]_{\mathrm{t}}^{-1} = \left[\frac{C}{N}\right]_{\mathrm{U}}^{-1} + \left[\frac{C}{N}\right]_{\mathrm{I}}^{-1} + \left[\frac{C}{N}\right]_{\mathrm{D}}^{-1}$$

5.2.5　卫星链路与 STK 仿真

1. 链路建立

STK 仿真软件可以仿真卫星与地球站之间的通信链路，也可以仿真卫星与卫星之间的通信链路。新建仿真场景，插入链路对象 Chain，选择对象后右击，选择"Properties"，在链路属性窗口中选择"Basic"→"Definition"，显示"Objects"，从"Available Objects"中选择地球站或者卫星，单击中间的 ➡ 按钮，将对象分配到"Assigned Objects"中，从而建立卫星链路。

2. 链路性能仿真分析

（1）方位角、仰角、距离仿真

选择链路对象后右击选择"Report & Graph Manager…"，弹出"Report &

Graph Manager…"窗口，右侧的"Styles"下方包括"Show Reports"和"Show Graphs"，选择"Installed Styles"下面的"Access AER"后单击右下方的"Generate…"按钮，即可产生链路的 AER 性能图表。

链路的 AER 性能包含三个内容："A"是"Azimuth"，指方位角；"E"是"Elevation"，指仰角；"R"是"Range"，指距离。

（2）自由空间传播损耗的仿真

① 新建仿真场景，插入卫星和地球站。

② 地球站下插入一个"Transmitter"，卫星插入一个"Receiver"。

③ 分别选择发射机和接收机，右击选择"Properties"，设置发射机和接收机的工作频率等。

④ 插入一个"Chain"对象，将"Transmitter"和"Receiver"添加进链路对象。

⑤ 选择链路后，右击选择"Report & Graph Manager…"。

⑥ 在弹出的窗口中选择右侧的"My Styles"后，将鼠标放在上方的第四个图标上，会显示"Create new graph style"，单击后会产生一个新的图表项"New Graph"，重命名该图表项的名称为"Loss"。

⑦ 单击新的图表项后，设置属性。单击"Link Information"左侧的"＋"按钮，会以下拉列表的形式显示所有的选项，选择"Free Space Loss"，单击中间的按钮后，右侧的"Y Axis"会显示添加了"Link Information - Free Space Loss1"。

⑧ 选择新建立的"Loss"选项后，单击图中右下方的"Generate…"按钮，则会产生该链路的自由空间传播损耗。

（3）载噪比仿真

选择链路后右击选择"Report & Graph Manager…"，在弹出的窗口中选择右侧的"My Styles"后，将鼠标放在上方的第三个图标上，会显示"Create new graph style"，单击后会产生一个新的图表项"New Report"。单击后会弹出"Report Style - New Report"窗口，单击"Link Information"左侧的"＋"按钮，选择"C/N1"，单击中间的按钮，则"Report Contents"下会显示"Link Information - C/N1"，单击"Apply"按钮和"OK"按钮后即可创建一个新的报告项，可以重命名为"CN"。单击右下角的"Generate…"按钮，即可产生该链路的载噪比报告。

5.3 习题讲解

【5-1】 一静止轨道卫星通信链路的上行频率为 6 GHz，地球站和卫星之间的距离是 42 000 km，计算上行链路的自由空间传播损耗。假设有效全向辐射功

率[EIRP]是 56 dBw,接收天线增益是 50 dBi,则接收信号功率是多少?

知识点分析:此题考查自由空间传播损耗的概念,以及收发功率、天线增益和自由空间传播损耗的关系。

自由空间传播损耗与传输距离和工作频率有关,传输距离越远或工作频率越高,自由空间传播损耗越大。

在相同工作频率、传输距离的情况下,发射功率越大、天线增益越大,接收信号功率越强。

另外,在解题过程中需要注意频率和距离的单位。

答案:接收功率为 -94.4 dBw。

解析:由公式 $L_f \approx 92.44 + 20\lg d + 20\lg f$ 可得

$$L_f \approx 92.44 + 20\lg 6 + 20\lg 42\ 000 \approx 200.4\ \text{dB}$$

由此可见,卫星通信的自由空间损耗非常大。

当有效全向辐射功率[EIRP]是 56 dBw、接收天线增益是 50 dBi 时,接收信号功率为

$$[P] \approx [\text{EIRP}] + [G_R] - [L_f] = 56 + 50 - 200.4 = -94.4\ \text{dBw}$$

即 335 pW,也可以表示为 -64.4 dBm,即比 1 mW 低 64.4 dB。

【5-2】　短波的波长范围是＿＿＿＿＿＿＿＿＿＿＿。

知识点分析:此题考查无线电波频率和波长的基本知识。无线电波根据波长和频率可分为长波、中波、短波、超短波、微波等多个频段。

答案:$10 \sim 100$ m。

解析:短波的频率范围是 $3 \sim 30$ MHz。频率 f 与波长 λ 的关系为

$$\lambda = \frac{c}{f}$$

其中,c 为光速,取值 3×10^8 m/s。

将短波的频率范围带入 $\lambda = \frac{c}{f}$,可知短波的波长为 $10 \sim 100$ m。

【5-3】　卫星转发器带宽为 100 kHz,在室温情况下,其热噪声功率为多少?

知识点分析:此题考查热噪声功率的基本概念。热噪声功率与玻尔兹曼常数 $k = 1.38 \times 10^{-23}$ J/K、接收系统的等效噪声温度和等效噪声带宽有关,其计算公式为

$$N = kTB$$

答案:-124 dBm。

解析:在室温情况下,$T = 290$ K,由题意可知 $B = 100$ kHz,则热噪声功率

$$N = kTB$$
$$= 1.38 \times 10^{-23}\ \text{J/K} \times 290\ \text{K} \times 1 \times 10^5\ \text{Hz}$$

$$= 40.02 \times 10^{-14} \text{ mw}$$

用对数表示为 $[N] \approx -124 \text{ dBm}$。

另一种计算方式是利用噪声功率谱密度 n_0 求解,因

$$n_0 = kT$$

故在室温情况下,$[n_0] \approx -174 \text{ dBm}$,则

$$N = n_0 + 10\lg B = -174 + 10\lg 100\ 000 \approx -124 \text{ dBm}$$

【5-4】 卫星系统的发射功率为 400 W,收发天线的增益均为 20 dBi,工作频率为 10 GHz,轨道高度为 600 km,线路损耗为 5 dB,在室温条件下,求卫星接收机的载波功率与噪声温度之比。

知识点分析:此题考查载波功率与噪声温度之比 C/T 的概念,其表达式为

$$\frac{C}{T} = \frac{P_T G_T G_R}{L_f L_i T}$$

答案:-131.6 dBw/K。

解析:根据已知条件,发射功率为 400 W,其对数为 26 dBw,收发天线的增益均为 20 dBi,得

$$[G_T] = [G_R] = 20 \text{ dBi}$$

$$L_f \approx 92.44 + 20\lg 10 + 20\lg 600 \approx 168 \text{ dB}$$

$$[L_i] = 5 \text{ dB}$$

$$[T] = 10\lg 290 \approx 24.6$$

所以　　　$\left[\dfrac{C}{T}\right] = 26 + 20 + 20 - 168 - 5 - 24.6 = -131.6 \text{ dBw/K}$

【5-5】 某卫星轨道高度为 390 km,其相对地球站以 7.68 km/s 的速度飞行,假设卫星工作中心频率为 20 GHz,求它产生的多普勒频移是多少?

知识点分析:此题考查多普勒频移的概念。多普勒频移与工作频率、卫星与地球站的相对运动速度有关,可以表示为:

$$\Delta f = \frac{f v_T}{c}$$

答案:512 kHz。

解析:多普勒频移

$$\Delta f = \frac{f v_T}{c} = \frac{20 \times 10^9 \times 7.68 \times 10^3}{3 \times 10^8} \text{ Hz} = 512 \text{ kHz}$$

【5-6】 某卫星等效发射功率为 30 dBw,给定总的传输损耗为 210 dB,传输带宽为 20 MHz,接收地球站的 G/T 值为 35 dB/K,请问地球站接收端得到的 C/N 值是多少?

知识点分析:此题考查载噪比的基本概念。其表达式为

$$\left[\frac{C}{N}\right]_{\mathrm{D}} = [\mathrm{EIRP}]_{\mathrm{S}} - [L_{\mathrm{D}}] - 10\lg(kB_{\mathrm{E}}) + \left[\frac{G_{\mathrm{R_E}}}{T_{\mathrm{E}}}\right]$$

答案：10.6 dB。

解析：$\left[\dfrac{C}{N}\right]_{\mathrm{D}} = [\mathrm{EIRP}]_{\mathrm{S}} - [L_{\mathrm{D}}] - 10\lg(kB_{\mathrm{E}}) + \left[\dfrac{G_{\mathrm{R_E}}}{T_{\mathrm{E}}}\right]$ 中各项参数的十进制对数见表 5 - 2 所列。

表 5 - 2　各项参数的十进制对数

参　数	十进制对数
$[\mathrm{EIRP}]_{\mathrm{S}}$	30 dBW
$-[L_{\mathrm{D}}]$	−210 dB
$-10\lg B_{\mathrm{E}}$	−73
$-10\lg k$	228.6
$\left[\dfrac{G_{\mathrm{R_E}}}{T_{\mathrm{E}}}\right]$	35 dB/k

因此，$\left[\dfrac{C}{N}\right]_{\mathrm{D}}$ 为 10.6 dB。

自测练习

一、填空题

1. 无线电波的传播方式主要分为_____、天波和空间波,此外,还有散射传播和_____传播等。

2. 卫星通信的传输链路分为星地链路和_____。

3. 卫星和地球站之间的地心角小于_____就可以建立星地链路。_____是指地球站天线轴线与地平线之间的夹角,_____是指从正北方起在地平面上依顺时针方向至目标方向线的水平夹角。

4. 自由空间传播损耗与_____和_____有关。星地链路长度越长,传输距离越远,传播损耗_____;工作频率越高,传播损耗也就_____。

5. 电磁波在通过电离层时,电磁波信号的幅度、相位、到达角、极化状态等发生短期不规则的变化,形成_____现象。

6. STK 仿真软件插入_____对象后,在对象内添加卫星和地球站可以建立星地链路。

二、选择题

1. 以下属于微波频段的是（　　）。

A. 30 GHz　　　　　B. 200 MHz　　　　　C. 20 MHz　　　　　D. 340 kHz

2. 自由空间传播损耗与下列（　　）因素有关。

A. 与传播距离的平方成正比、信号频率的平方成正比

B. 与传播距离的平方成正比、信号频率的平方成反比

C. 与传播距离的平方成反比、信号频率的平方成正比

D. 与传播距离的平方成反比、信号频率的平方成反比

3. 雨衰的大小与（　　）无关。

A. 降雨量

B. EIRP

C. 极化方式

D. 降雨的有效路径长度

4. 在卫星通信中，除了自由空间传播损耗外，其他会造成信号传输损耗的因素有（　　）。

A. 大气损耗

B. 馈线损耗

C. 天线指向损耗

D. 法拉第旋转

5. 具有热噪声性质的噪声功率与（　　）因素无关。

A. 玻尔兹曼常数 $k = 1.38 \times 10^{-23}$ J/K

B. 接收系统的等效噪声温度

C. 等效噪声带宽

D. 等效噪声频率

三、判断题

1. 载噪比是指接收系统输入端信号的载波功率与噪声功率之比，是决定一条卫星通信链路传输质量的最主要指标。（　　）

2. G_R/T 称为发射系统的品质因数，是评价发射系统性能好坏的重要参数。（　　）

3. 一般情况下，越远离行波管饱和点，输入补偿越大，$\left[\dfrac{C}{T}\right]_I$ 越小；越接近饱和点，输入补偿越小，$\left[\dfrac{C}{T}\right]_I$ 越大。（　　）

4. 整个卫星线路噪声由上行链路噪声、下行链路噪声和互调噪声三部分组成。（　　）

5. 线极化波通过电离层时极化面会发生旋转,旋转的角度与频率成反比。

$(\qquad)$

四、简答题

1. 概述空间波传播的含义及其应用领域。

2. 概述星地链路的分类及电波传播特性。

3. 概述多普勒频移产生的原因和表达式。

4. 概述降雨对卫星通信的影响。

5. 天线噪声主要包括哪几部分?

五、计算题

1. 工作频率为 14 GHz 的卫星链路的接收机馈线损耗为 1.6 dB,自由空间传播损耗为 207 dB,大气损耗为 0.4 dB,天线指向损耗为 0.6 dB,去极化损耗可以忽略。计算晴天条件下总的链路损耗。

2. 工作频率为 14 GHz 的上行链路的有效全向辐射功率[EIRP]为 45.63 dBw,自由空间传播损耗为 207 dB,卫星的 G/T 值为 -7.5 dB/K,接收机馈线损耗约为 1 dB,大气损耗为 0.4 dB,计算载波功率与噪声功率谱密度之比。

3. 卫星电视信号占用了卫星转发器的全部带宽(36 MHz),要求在地球站接收端提供的 C/N 值为 20 dB。给定总的传输损耗为 210 dB,接收地球站的 G/T 值为 35 dB/K,计算所需要的卫星转发器的有效全向辐射功率。

4. 卫星链路传输的信号是 QPSK 信号,其中使用了滚降系数为 0.2 的升余弦滚降滤波器,要求传输系统误码率(BER)为 10^{-5},对应的数字信噪比为 9.6 dB。对于卫星下行链路,总的链路损耗为 200 dB,接收站的 G/T 值 32 dB/K,转发器带宽是 36 MHz。计算:

(1) 此传输链路可以提供的比特率。

(2) 所需要的卫星转发器的有效全向辐射功率。

5. 某卫星链路的上行链路和下行链路的载波与噪声功率谱密度之比分别为 100 dBHz 和 87 dBHz,计算总的 $\left[\dfrac{C}{n_0}\right]$。

第6章 卫星通信体制

6.1 内容总览

卫星通信体制是指卫星进行信息传输、交换所采用的工作方式,主要包括调制方式、差错控制和多址技术等。通信体制的先进性体现在卫星通信系统的频谱效率、能量效率及信号传输的可靠性。如图6-1所示,本章主要介绍卫星通信

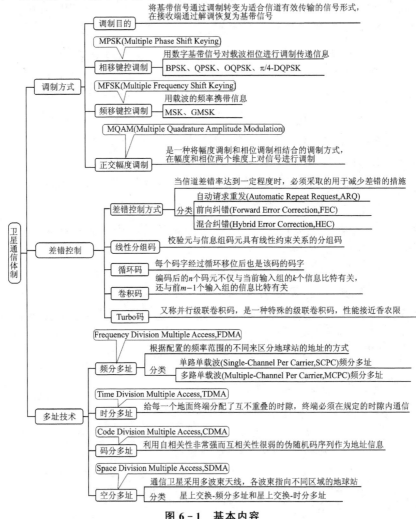

图6-1 基本内容

体制关键技术,阐述卫星通信体制中常用的调制方式、差错控制、多址技术等基本概念及原理。

6.2　学习要点

6.2.1　调制方式

调制的目的是使信号特征与信道特征相匹配,将基带信号通过调制转变为适合信道有效传输的信号形式,在接收端通过解调恢复为基带信号。调制方式的选择由系统的信道特性决定,不同类型的信道特性要采用不同类型的调制方式。卫星通信中普遍采用数字调制。数字调制方式主要有振幅键控(Amplitude Shift Keying,ASK)、相移键控(Phase Shift Keying,PSK)、频移键控(Frequency Shift Keying,FSK)三种方式。

相移键控调制方式:用数字基带信号对载波相位进行调制传递信息,载波的振幅和频率参数不承载信息。通常将调制阶数为 M 的相移键控调制方式记为 MPSK(Multiple Phase Shift Keying)。

频移键控调制方式:用载波的频率携带信息,通用的缩写形式为 MFSK (Multiple Frequency Shift Keying)。

正交幅度调制方式:是一种将幅度调制和相位调制相结合的调制方式,在幅度和相位两个维度上对信号进行调制,多进制的正交幅度调制表示为 MQAM (Multiple Quadrature Amplitude Modulation)。

6.2.2　差错控制

差错控制是指当信道差错率达到一定程度时,必须采取的用于减少差错的措施。

差错控制方式分类:自动请求重发(Automatic Repeat Request,ARQ)、前向纠错(Forward Error Correction,FEC)、混合纠错(Hybrid Error Correction,HEC)。

自动请求重发方式:在发送码元序列中加入差错控制码元,接收端利用这些码元检测到有错码时,利用反向信道通知发送端,要求发送端重发,直到正确接收为止。其优点是纠错能力强,信道适应性强,编译码器简单。其缺点是必须有反向信道,收发两端必须相互配合,实时性比较差。

前向纠错方式:接收端利用发送端在发送码元序列中加入的差错控制码元,不但能够发现错码,还能纠正发生错误的码元,使得接收机能够直接纠正信道中发生的错误。其优点是实时性好。其缺点是译码算法比较复杂,差错控制编码要和信道的干扰情况相匹配。

混合纠错方式:自动请求重发方式和前向纠错方式的混合形式。混合纠错系统的性能及优劣介于前两种方式之间,误码率低,实时性和连续性好,设备不太复杂,在无线通信系统中应用比较广泛。

常用的差错控制编码有:线性分组码、循环码、卷积码、Turbo 码和 LDPC 码。

1. 线性分组码

线性分组码是指校验元与信息组码元具有线性约束关系的分组码,即可以用一组线性方程组来描述编码码字与信息码组之间的关系。

编码器将每组 k 个信息元按一定规律编码,形成长度为 n 的序列,称这个编码输出序列为码字。

编码效率(码率)是指信息位长度与编码输出长度的比值,即 $R=k/n$。它表示信息位数据在编码码字中所占的比例,也表示编码输出码字中每位码元所携带的信息量。

任意输入信息码元分组,经编码器编码后输出的码字称为许用码字。对 (n,k) 线性分组码,许用码字个数为 2^k 个。

在长度为 n 的码空间中,除去许用码字,剩余码字即为禁用码字。

在信道编码中,非零码元的数目称为汉明权(重)(Hamming Weight),也称为码重。记为 w_c。

两个等长码组之间相应位取值不同的数目称为这两个码组的汉明距离(Hamming Distance),简称码距。记为 $d(c_1,c_2)$,可得 $d(c_1,c_2)=w(c_1-c_2)$。

码组集中任意两个码字之间距离的最小值称为最小码距(d_{min}),它关系着这种编码的检错和纠错能力。

① 若检测 e 个随机错误,则要求最小码距 $d_{min} \geqslant e+1$。

② 若纠正 t 个随机错误,则要求最小码距 $d_{min} \geqslant 2t+1$。

③ 若纠正 t 个随机错误、同时检测 e 个随机错误,则要求最小码距 $d_{min} \geqslant e+t+1$。

生成矩阵 G 用来生成码字,$c=AG$。它的 k 个行矢量必须是线性无关的,并且每个行矢量都是一个码字,可以通过初等变换简化成系统形式

$$G = [I_k \vdots P]$$

校验矩阵 H 在接收端用于检测或纠正错码。校验矩阵大小为 $(n-k) \times n$,且

$$Hc^T = 0^T$$
$$c \cdot H^T = 0$$

对于系统码形式的线性分组码,其生成矩阵和校验矩阵具有如下形式

$$G = [I_k \vdots P]$$

$$H = [P^T \vdots I_r]$$

伴随式 $S = BH^T$。

2. 循环码

对于一个 (n,k) 线性分组码,若它的每个码字经过循环移位后也是该码的码字,则称该码为循环码。循环码的所有码字都可以用多项式表示,存在一个且仅有一个 $n-k$ 次码字多项式,称为生成多项式,记为 $g(x)$。

循环码构造步骤为:

① 对 $x^n + 1$ 作因式分解,找出其 $n-k$ 次因式。

② 以该 $n-k$ 次因式为生成多项式,与信息位多项式 $m(x)$ 相乘,即得码字多项式 $c(x)$。

循环码的生成矩阵可由生成多项式表示:

$$G(x) = \begin{bmatrix} x^{k-1}g(x) \\ \vdots \\ x^2 g(x) \\ xg(x) \\ g(x) \end{bmatrix}$$

3. 卷积码

卷积码编码后的 n 个码元不仅与当前输入组的 k 个信息比特有关,还与前 $m-1$ 个输入组的信息比特有关,一般表示为 (n,k,m) 的形式。

篱笆图可以描述卷积码的状态随时间推移而转移的情况。该图纵坐标表示所有状态,横坐标表示时间。

某 $(2,1,2)$ 卷积码编码器如图 6-2 所示,其对应的编码器篱笆图如图 6-3 所示。

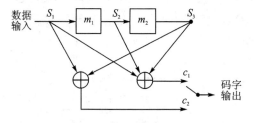

图 6-2　(2,1,2)卷积码编码器

维特比(Viterbi)译码是根据接收序列在码的篱笆图上找出一条与接收序列距离(或其他量度)为最小的一种算法。译码过程如图 6-4 所示。

发送数据：[1 1 0 1 0 0]

编码输出：[11 01 01 00 10 11]

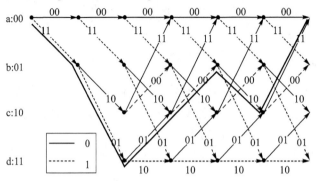

图 6 - 3　编码器篱笆图

接收序列：[01 01 11 00 10 01]

译码输出：[11 01 01 00 10 11]

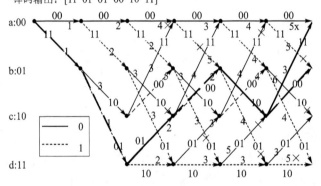

图 6 - 4　译码器篱笆图

4. Turbo 码

Turbo 码又称并行级联卷积码（Parallel Concatenated Convolutional Code，PCCC）。它是一种特殊的级联卷积码，性能接近香农限。典型的 Turbo 码的编码器为两级级联的卷积码，如图 6 - 5 所示。

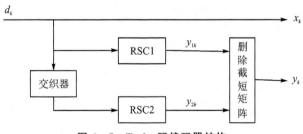

图 6 - 5　Turbo 码编码器结构

在通信系统中,交织器的作用一般是与信道编码结合来对抗信道突发错误。在 Turbo 码中,交织器除了具备上述功能外,还具有随机化输入信息序列的作用,使得编码输出的码字尽可能随机,以满足香农信道编码定理中对信道码随机性的要求,进而提升 Turbo 码的性能。

删除截短矩阵的作用是周期性地删除一些校验元来提高编码效率。

5. LDPC 码

LDPC(Low-Density Parity-Check)码全称是低密度奇偶校验码,是一种线性分组码。LDPC 码的校验矩阵是稀疏矩阵,即矩阵中 1 的个数很少,密度很低,任两行(列)之间位置相同的 1 的个数不大于 1。

规则 LDPC 码的校验矩阵中,每一行含有 q 个 1,每一列含有 p 个 1。如果 LDPC 码的校验矩阵中各行(列)重不同,则称它为非规则 LDPC 码。

6.2.3　多址技术

在卫星覆盖区内,通过同一颗卫星实现多个用户终端之间互相通信的技术称为多址技术。

信道预分配方式:将信道资源事先分配给各用户终端,分配原则是业务量大的终端分配的信道资源多,业务量小的终端分配的信道资源少,各用户终端只能使用分配给它们的这些特定信道与有关地球站通信,其他地球站不能占用这些信道。其优点是信道是专用的,实施连接比较简单,建立通信快,基本上不需要控制设备。其缺点是使用不灵活,信道不能相互调剂,在业务量较少时信道利用率低。所以,它比较适合大容量系统。

信道按需分配方式:用户根据传输信息的需要申请信道资源,在通信结束后,释放信道资源。其优点是分配方式灵活,信道资源可以在不同用户之间调剂使用,系统容量大。其缺点是控制设备复杂,需要单独的控制信道为各终端申请信道资源服务。因此,它适合业务量小、终端用户量比较多的卫星通信网。

信道随机分配方式:通信中各种终端随机地占用卫星信道的一种多址分配制度。其优点是信道利用率高。其缺点是不同终端争用信道会引起"碰撞"。

1. 频分多址

频分多址(Frequency Division Multiple Access,FDMA)是指当多个地球站共用卫星转发器时,根据配置的频率范围的不同来区分地球站的地址的方式。根据是否使用基带信号复用,频分多址可分为单路单载波和多路单载波频分多址方式。

单路单载波(Single-Channel Per Carrier,SCPC)频分多址方式在每个载波上只传送一个话音(数据),一个转发器通道可承载数百路话音(数据)信道,一个地球站可以同时发送一个或多个单路单载波。按照信道分配方式,单路单载波频分多址方式可分为预分配方式和按需分配方式。

多路单载波(Multiple-Channel Per Carrier,MCPC)频分多址方式通过基带信号多路复用实现两地球站之间同时进行多个用户电话或数据通信。

频分多址的优点:

① 实现简单,技术成熟,成本较低。

② 系统工作时不需要网络定时,性能可靠。

③ 对每个载波采用的基带信号类型、调制方式、编码方式等没有限制。

④ 大容量线路工作时效率较高。

频分多址的缺点:

① 转发器要同时放大多个载波,容易形成多个交调干扰,为了减少交调干扰,转发器要降低输出功率,从而降低了卫星通信的有效容量。

② 当各站的发射功率不一致时,会发生强信号抑制弱信号的现象,为使大、小载波兼容,转发器功放需要有适当的功率回退(补偿),对载波需做适当排列等。

③ 需要设置保护带宽,从而确保信号被完全分离开,造成频带利用率下降。

④ 灵活性小,要重新分配频率比较困难。

2. 时分多址

时分多址(Time Division Multiple Access,TDMA)给每一个地面终端分配了互不重叠的时隙,终端必须在规定的时隙内通信,否则可能会对其他终端产生干扰。

与频分多址系统相比,时分多址具有以下优点:

① 卫星转发器工作在单载波,转发器无交调干扰问题。

② 能充分利用转发器的输出功率,不需要较多的输出补偿。

③ 由于频带可以重叠,因此频带利用率比较高。

④ 对地球站有效全向辐射功率变化的限制没有频分多址那样严格。

⑤ 根据各站业务量的大小来调整各站时隙的大小,大、小站可以兼容,易于实现按需分配。

⑥ 在时分多址中,容量不会随入网站数目的增加而急剧减少。用了数字话音插空技术后,传输容量可增加一倍。

时分多址的缺点:

① 各终端按时隙传输数据,需全网同步。

② 终端信号传输为突发通信,接收终端需具备突发解调功能。

③ 时分多址一般采用数字调制方式,模拟信号需数字化后方能传输。

④ 时分多址初期的投资较大,系统实现复杂。

3. 码分多址

码分多址(Code Division Multiple Access,CDMA)中区分不同地址信号的方法是利用自相关性非常强而互相关性很弱的伪随机码序列作为地址信息(称为地址码),对被用户信息调制过的载波进行再次调制,使用户信号带宽大大展宽。

实现码分多址需要满足以下条件:

① 要有足够多、相关性足够好的地址码,使系统中每个站都能分到所需的地址码。

② 接收端的本地地址码必须与发送端地址码相同,并且要与接收的扩频序列同步。

直接序列码分多址:在发送端,用码速率远大于原始信号速率的 PN 码与原始信号进行模 2 加,然后对载波进行调制,所形成的信号频谱相较于原始信号频谱被展宽,具有很强的抗干扰能力和保密性。

跳频多址:在发送端,利用 PN 码控制频率合成器,使频率在一个宽范围内伪随机地跳变,然后再与原始信号调制过的中频混频,每一用户所用跳频图案不存在相互重叠。

码分多址的优点:

① 频谱扩展、解扩后带内干扰较少,抗干扰能力强。

② 频谱被大大扩展,功率谱密度低,较难被侦察,有较好的隐蔽性。

③ 各站采用数字码作为地址,改变地址灵活方便。

④ 各站的区分方式为确定的数字序列,不需要全网同步。

码分多址的缺点:

① 占用的频带较宽。

② 频带利用率较低。

③ 选择数量足够的可用地址码较为困难。

④ 接收时需要一定的时间对地址码进行捕获与同步。

4. 空分多址

空分多址(Space Division Multiple Access,SDMA)中通信卫星采用多波束天线,各波束指向不同区域的地球站,同一频率、码型资源可以被所有波束同时使用。在实际应用中,一般不单独使用空分多址方式,而是与其他多址方式结合使用,包括星上交换-频分多址和星上交换-时分多址。

空分多址的优点:

① 卫星天线增益高。

② 卫星功率可以得到合理、有效的利用。

③ 不同区域地球站所发信号在空间互不重叠，即使在同一时间用相同频率也不会相互干扰，可以实现频率重复使用。

空分多址的缺点：

① 对卫星的稳定及姿态控制提出很高的要求。

② 卫星的天线及馈线装置也比较庞大和复杂。

③ 转换开关不仅使设备复杂，而且由于空间故障难以修复，增加了通信失效的风险。

6.3　习题讲解

【6-1】　卫星通信系统中通常不选择＿＿＿＿调制方式。

知识点分析：该题考查的知识点是卫星通信体制中信号调制方式的选择。卫星通信的信道传输特性导致它对调制方式的选择较为苛刻，需要了解卫星传输信道的特性及不同调制方式的特点。

答案：幅度。

解析：卫星系统具有功率受限和频率受限特点，卫星通信传输距离远、信号衰减大。同时卫星通信信道存在非线性和幅/相转换效应，幅度失真对幅度调制信号影响较大，并且相较于相位调制和频率调制，幅度调制抗干扰性能较差。因此，卫星通信中一般不选择幅度调制方式。

【6-2】　OQPSK 虽然解决了 QPSK 信号相邻符号相位跃变大引起的包络起伏较大的问题，但 OQPSK 相干解调与 QPSK 相干解调一样，仍存在相位模糊的问题，为克服相位模糊的影响，可采用＿＿＿＿方式。

知识点分析：该题考查的知识点是卫星通信体制中信号调制方式的选择。读者需要了解不同调制方式的特点，以及相位模糊产生的原因。

答案：差分调制。

解析：QPSK 载波恢复提取出的相干载波初始相位有 4 种可能，使得解调器存在相位模糊现象。差分编码调制利用前后两符号的相位差承载调制信息，可克服相位模糊的影响。

【6-3】　卫星通信中数据传输业务常采用的差错控制方式是＿＿＿＿。

知识点分析：该题考查的知识点是卫星通信体制中的差错控制。读者需要了解卫星数据传输业务的特点以及不同差错控制方式的特点。

答案：混合纠错方式。

解析：自动请求重发方式可靠性高，但传输时延较大，且需要反馈信道；前向纠错方式传输时延小，不需要反馈信道，但编译码器比较复杂，译码性能与信道条件有关;混合纠错方式综合了自动请求重发方式和前向纠错方式的优缺点,性能介于两者之间。数据传输业务对传输的实时性要求不高,但对可靠性要求高,因此一般选用混合纠错方式。

【6-4】 对(话音等)实时性要求较高的传输业务常采用的差错控制方式是_____。

知识点分析:该题考查的知识点是卫星通信体制中的差错控制。读者需要了解卫星数据传输业务特点以及不同差错控制方式的特点。

答案:前向纠错方式。

解析:自动请求重发方式可靠性高,但传输时延较大,且需要反馈信道;前向纠错方式传输时延小,不需要反馈信道,但编译码器比较复杂,译码性能与信道条件有关;混合纠错式综合了自动请求重发方式和前向纠错方式的优缺点,性能介于两者之间。话音等业务对传输的实时性要求较高,但对传输的可靠性要求不高,因此一般选用前向纠错方式。

【6-5】 某一(7,3)分组码的最小码距是 3,则它最多能够检测出_____个错码,最多能够纠正_____个错码。

知识点分析:该题考查的知识点是卫星通信体制中的差错控制。读者需要了解码的纠、检错能力与最小码距之间的关系。

答案:2,1。

解析:最小码距和纠、检错能力之间的关系如下。

① 若检测 e 个随机错误,则要求最小码距 $d_{\min} \geqslant e+1$。

② 若纠正 t 个随机错误,则要求最小码距 $d_{\min} \geqslant 2t+1$。

③ 若纠正 t 个随机错误,同时检测 e 个随机错误,则要求最小码距 $d_{\min} \geqslant e + t+1$。

【6-6】 某(7,3)线性分组码的生成矩阵为 $G = \begin{bmatrix} 1 & 0 & 0 & 1 & 1 & 1 & 0 \\ 0 & 1 & 0 & 0 & 1 & 1 & 1 \\ 0 & 0 & 1 & 1 & 1 & 0 & 1 \end{bmatrix}$,则此码的一致校验矩阵为_____。

知识点分析:该题考查的知识点是卫星通信体制中的差错控制编码。读者需要了解线性分组码中生成矩阵和校验矩阵之间的关系。

答案:$H = \begin{bmatrix} 1 & 0 & 1 & 1 & 0 & 0 & 0 \\ 1 & 1 & 1 & 0 & 1 & 0 & 0 \\ 1 & 1 & 0 & 0 & 0 & 1 & 0 \\ 0 & 1 & 1 & 0 & 0 & 0 & 1 \end{bmatrix}$。

解析:该生成矩阵是系统码形式的生成矩阵,此时,生成矩阵与一致校验矩阵之间存在对应关系 $G = [I_k \vdots P], H = [P^T \vdots I_r]$。

【6-7】 (7,4)循环码的生成多项式为 $g(x) = x^3 + x + 1$，输入信息序列为 (011)，则编码输出码字多项式为_____。

知识点分析： 该题考查的知识点是卫星通信体制中的差错控制编码。读者需要了解循环码的编码方式。

答案： $c(x) = x^4 + x^3 + x^2 + 1$。

解析： 循环码的编码方式 $c(x) = m(x)g(x)$，其中信息位多项式 $m(x) = x + 1$。

【6-8】 对于容量较小、站址数较多、总通信业务又不太繁忙的系统，一般选择_____多址方式。

知识点分析： 该题考查卫星通信体制中多址方式选择问题，读者需要了解不同多址方式的特点以及它们适用的场景。

答案： 单路单载波频分。

解析： 时分多址适合系统容量较大的系统；码分多址适合小容量系统，用户数与地址码数量有关；空分多址适合容量较大的系统。频分多址有三种方式：FDM/FM/FDMA 适合站少容量中、大的场合；TDM/PSK/FDMA 方式适合站少、容量中等的场合；单路单载波频分多址方式适合站多、容量小的场合。

【6-9】 码分多址的缺点不包括(   )。

A. 频带利用率低，通信容量小   B. 地址码选择较难

C. 接收时地址码的捕获时间较长   D. 不需要网络定时

知识点分析： 该题考查的知识点是卫星通信体制中的码分多址，读者需要了解码分多址的特点。

答案： D。

解析： 码分多址因采用扩频调制方式，所以占用的频带较宽，频带利用率较低，选择数量足够的可用地址码较为困难，接收时需要一定的时间对地址码进行捕获与同步。

自测练习

一、填空题

1. 差错控制的基本方式大致可以分为_____、_____和混合纠错 (HEC)等。

2. 若某线性分组码的最小汉明距离 $d_{min} = 6$，则该码最多能检测出_____个随机错，最多能纠正_____个随机错。

3. 码字(01101)与码字(11001)之间的汉明距离为_____。

4. 信道编码通过增加信源的_____来提高通信的抗干扰能力,即提高通信的_____。

5. _____技术是指多个地球站(用户终端)发射的信号在射频信道上的复用,以达到各地球站(用户终端)之间同一时间、同一方向的用户间的多边通信。其中_____一般不单独使用,而是与其他多址方式结合使用。

6. 如果根据配置的频率范围的不同来区分地球站的地址,则这种多址连接方式就为_____。

7. 在_____方式中,每个地球站分配一个专用载波,首先把所有要发射的基带信号复用在一起,然后调制、上变频,将频率变换到指定频率,最后再以频分多址方式发射和接收。

8. 在卫星上设置若干点波束天线,通过波束的指向不同区分不同区域的地球站。一个波束内的地球站所发信号采用时分多址方式区分,这种多址接入技术称为_____。

9. 采用差分调制是为了解决载波提取相位不确定性所引起的_____问题。

10. 正交幅度调制(QAM)是一种将幅度调制和相位调制相结合的调制方式,不适用于_____。

二、选择题

1. 单路单载波(SCPC)的特点有(　　)。

A. 灵活性高

B. 效率高

C. 保护频带开销大

D. 需要额外的网管通路

2. 时分多址系统的不足是(　　)。

A. 必须保持各地球站之间的同步,才能让所有用户实现共享卫星资源的目的

B. 要求采用突发解调器

C. 模拟信号需转换成数字信号才能在网络中传输

D. 初期的投资较大,系统实现复杂

3. 实现码分多址的条件是(　　)。

A. 要有足够多的、相关性足够好的地址码,使系统中每个站都能分到所需的地址码

B. 必须用地址码对待发信号进行扩频调制,使传输信号所占带宽极大地

展宽

C. 在接收端必须有本地地址码

D. 保护频带开销大

4. 空分多址的特点有( )。

A. 各站发射的载波信号只进入该站所属通信区域的窄波束中(所发信号空间正交)

B. 可实现频率重复使用

C. 转发器成为空中交换机

D. 星上设备简单

5. 卫星通信采用频分多址方式,下列( )说法是错误的。

A. 为了增大天线的有效全向辐射功率,发射功率越大越好

B. 需要设置适当的保护频带

C. 要求解决好卫星的功率和带宽之间的关系

D. 尽量减少互调的影响

6. 下列( )编码方式是有记忆的。

A. 线性分组码   B. 循环码

C. 卷积码   D. LDPC 码

7. 下列( )调制方式不适宜在卫星通信应用?

A. PSK   B. FSK   C. QAM   D. ASK

8. 在设计卫星通信系统的调制方式时,所考虑的因素正确的是( )。

A. 尽量不选择幅度调制

B. 选择频谱效率高并且抗干扰性能好的调制方式

C. 选择旁瓣功率低的调制方式

D. 选择对信道非线性和幅/相转换敏感的调制方式

三、判断题

1. 码组纠、检错能力与最大汉明距离有关。   (   )

2. 若发现(检测)e 个随机错误,则要求最小码距满足 $d_{\min} \geqslant 2e+1$。 (   )

3. (n,k) 循环码的生成多项式 $g(x)$ 是 x^n+1 的因式。   (   )

4. 利用多路复用,可以把多路低速信号合并为一路高速信号进行传输,提高信道利用率。   (   )

5. 频分多址方式可以沿用地面微波通信的成熟技术,设备简单,但是需要网络定时。   (   )

6. 时分多址技术产生的交调噪声很小,卫星有效功率可以获得最充分使用。
                                                          (   )

7. 星上交换-时分多址方式在卫星上设置若干点波束天线,通过波束的指向不同区分不同区域的地球站,一个波束内的地球站所发信号采用频分多址方式区分。　　　　　　　　　　　　　　　　　　　　　　　　　　　（　　）

8. 空分多址技术对卫星控制技术要求严格,星上设备较复杂,需要交换设备。　　　　　　　　　　　　　　　　　　　　　　　　　　　　（　　）

9. QPSK 在解调中,由于载波提取的初始相位不确定会产生相位模糊现象,因此通常采用 OQPSK 方式解决相位模糊问题。　　　　　　　　（　　）

10. 正交幅度调制是一种将幅度调制和相位调制相结合的调制方式,具有很好的功率效率和频谱效率。　　　　　　　　　　　　　　　　　　（　　）

四、简答题

1. 差错控制方式有几种? 简述它们的基本原理。

2. 生成多项式 $g(x)$ 是 (n,k) 循环码 C 中最低次数的非零码字多项式,试证明循环码所有的码字多项式是生成多项式的倍式。

3. 试证明线性分组码的最小码距等于非零码的最小码重。

4. (n,k) 循环码的生成多项式为 $g(x)$,信息位多项式为 $m(x)$,请给出基于 $g(x)$ 的循环码系统编码方法。

5. 在线性分组码校验矩阵 H 中,若任意 m 列线性无关,但存在 $m+1$ 列线性相关,则最小码距 $d_{min}=m+1$。

6. 简述卫星通信在选择调制方式时的基本原则。

7. 简述 OQPSK 相较于 QPSK 的技术优势。

8. 简述信道资源在多址技术中的含义。

9. 常用的信道资源分配方式有几种? 简述其基本原理及特点。

10. 简述频分多址的优、缺点。

五、计算题

1. 已知某线性分组码校验矩阵 $H=\begin{bmatrix} 1 & 1 & 1 & 0 & 0 & 0 \\ 1 & 1 & 0 & 1 & 0 & 0 \\ 0 & 1 & 0 & 0 & 1 & 0 \\ 1 & 0 & 0 & 0 & 0 & 1 \end{bmatrix}$,求:

(1) 此码的编码效率。

(2) 生成矩阵。

(3) 此码的最小码距 d_0 及纠、检错能力。

(4) 若接收码字为 (111011),则传输过程是否发生错误?

2. 某线性分组码的生成矩阵 $G = \begin{bmatrix} 0 & 1 & 0 & 1 & 0 & 1 & 0 \\ 0 & 1 & 1 & 1 & 0 & 0 & 1 \\ 1 & 1 & 1 & 0 & 0 & 1 & 0 \\ 1 & 0 & 1 & 0 & 1 & 0 & 1 \end{bmatrix}$，用系统码$[I \vdots$

$P]$的形式表示 G，并写出对应的系统码校验矩阵 H。

3. 设一分组码具有一致校验矩阵 $H = \begin{bmatrix} 1 & 0 & 0 & 1 & 0 & 1 \\ 0 & 1 & 0 & 0 & 1 & 1 \\ 0 & 0 & 1 & 1 & 1 & 1 \end{bmatrix}$，求：

（1）此分组码的 n 和 k，以及共有多少个码字。

（2）此分组码的生成矩阵。

（3）矢量 101010 是否是码字，并列出所有码字。

（4）设发送码字 $C = (001111)$，但接收到的序列为 $R = (000010)$，其伴随式 S 是什么？此伴随式指出已发生的错误在什么地方？为什么与实际错误不同？

4. 某$(7,3)$循环码的生成多项式 $g(x) = x^4 + x^2 + x + 1$，求：

（1）生成矩阵。

（2）当输入的信息组是(100)时的码字。

（3）由生成多项式构造系统循环码。

5. 对于如图 6 - 6 所示的卷积码编码器，若消息序列 $u = (110011000)$，则利用状态图和篱笆图（栅格图）求编码输出。

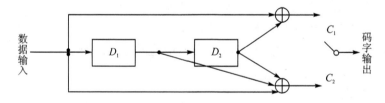

图 6 - 6 卷积码编码器示意图

第7章 卫星激光通信

7.1 内容总览

卫星激光通信使用频率较高的光波作为信号载波,可以获取更丰富的传输带宽资源,从而实现更高的信息传输速率。如图7-1所示,本章主要介绍卫星激光通信的概念与特点以及发展历程,阐述卫星激光通信终端的组成;列举卫星激光通信的光源、光调制器、光学天线等主要光学组件的原理、分类和工作特点;分析卫星激光通信的基本技术原理,涉及光的调制、直接检测接收和相干检测接收;介绍典型卫星激光通信终端的瞄准、捕获和跟踪过程及其关键技术。

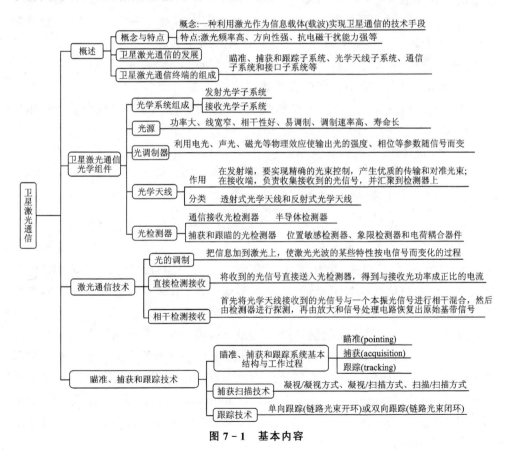

图 7-1 基本内容

7.2 学习要点

7.2.1 概　述

1. 卫星激光通信的概念与特点

卫星激光通信的概念：一种利用激光作为信息载体（载波）实现卫星通信的技术手段。

卫星激光通信的类型：星间、星地、星空等。

卫星激光通信链路种类：地球静止轨道卫星之间、低轨道卫星之间、地球静止轨道卫星和低轨道卫星之间、地球静止轨道卫星到地面、低轨道卫星到地面等。

卫星激光通信系统组成：信源、调制模块、发射天线、空间光信道、接收天线以及信号处理模块等。

在卫星存在振动条件下，为实现远距离的光束对准，需要采用瞄准、捕获和跟踪（Pointing Acquisition and Tracking，PAT）控制技术。

与使用微波相比，卫星激光通信具有以下特点：

① 激光频率高，便于获得更高的数据传输速率。

② 激光的方向性强，能大大增加接收端的信号能量密度，为减少系统的质量和功耗提供了条件。

③ 激光的抗电磁干扰能力强。

④ 使用激光通信不需要申请无线信号频率使用许可。

2. 卫星激光通信的发展

20 世纪 70 年代，以美、欧、日为代表的国家和地区就开始对卫星激光通信技术展开理论研究和关键技术攻关。

20 世纪 90 年代以来，美国国家航空航天局（NASA）、欧洲航天局（ESA）等开始卫星激光通信在轨技术验证，制定了多项星地、星间及深空激光通信技术发展和演示验证计划，研制了不同系列的激光通信终端。

典型计划、项目和终端包括：欧洲航天局的半导体激光星间链路实验（Semiconductor Laser Intersatellite Link Experiment，SILEX）计划、基于相干光通信的激光通信终端、美国的同步轨道轻量技术试验（GeoLITE）项目、激光通信中继演示验证（Laser Communications Relay Demonstration，LCRD）计划、日本的 OICETS(Optical Inter-orbit Communications Engineering Test Satellite)低轨卫星激光通信终端。

我国从 20 世纪 90 年代开始发展卫星激光通信技术。从 2011 年起,海洋二号、墨子号、天宫二号、实践十三、实践二十等多颗卫星搭载激光通信终端进行技术验证。

3. 卫星激光通信终端的组成

从功能上划分,卫星激光通信终端主要包括瞄准、捕获和跟踪子系统,光学天线子系统,通信子系统和接口子系统等部分。

按照是否直接参与处理光信号,卫星激光通信终端的部件又可以分为光学组件和非光学组件两类。

7.2.2　卫星激光通信光学组件

1. 卫星激光通信光学系统的组成

卫星激光通信光学系统包括发射光学子系统和接收光学子系统。

发射光学子系统包括激光器、光调制器、精瞄镜及发射光学天线等。

接收光学子系统包括接收光学天线、光检测器、分光镜及滤光元件等。

2. 光　源

卫星激光通信对光源的要求:功率大、线宽窄、相干性好、易调制、调制速率高、寿命长。

卫星激光通信中的常用光源包括半导体激光器、钇铝石榴石(Nd:YAG)固体激光器、CO_2 激光器、光纤激光器等。

3. 光调制器

光调制器利用电光、声光、磁光等物理效应使输出光的强度、相位等参数随信号而变。

4. 光学天线

光学天线的作用:在发射端,光学天线要实现精确的光束控制,产生优质的传输和对准光束;在接收端,光学天线负责收集接收到的光信号,并汇聚到检测器上。

光学天线的分类:光学天线可以分为透射式光学天线和反射式光学天线两类,反射式光学天线又分为同轴反射式和离轴反射式两种。

典型透射式光学天线:伽利略型和开普勒型。

典型同轴反射式光学天线:格里高利型、牛顿型、卡塞格伦型。

典型离轴反射式光学天线:离轴两反和离轴三反。

5．光检测器

典型通信接收光检测器：半导体检测器。

捕获和跟瞄的光检测器：位置敏感检测器（Position Sensitive Detector，PSD），象限检测器（Quadrant Detector，QD）和电荷耦合器件（Charge-Coupled Device，CCD）。

7.2.3 激光通信技术

1．光的调制

把信息加到激光上，使激光光波的某些特性按电信号而变化的过程就是光的调制。

直接调制：把要传送的信息转变为驱动电流信号注入半导体光源，利用光源的输出光功率随注入电流的变化而变化的特点，使输出的光信号在时间上随电信号变化。

间接调制：通过外部调制器来完成光源参数的调制过程。它既适用于半导体光源，也适用于其他类型的光源；既适用于强度调制，也可以实现相位调制。

2．直接检测接收

直接检测接收就是将收到的光信号直接送入光检测器，得到与接收光功率成正比的电流，从而实现强度调制光信号的解调。

直接检测接收具有系统简单和易于集成等优点，但是只能支持基本的强度调制，且灵敏度不高。

3．相干检测接收

相干检测接收是指首先将光学天线接收到的光信号与一个本振光信号进行相干混合，然后由检测器进行探测，再由放大和信号处理电路恢复出原始基带信号。

相干检测接收的特点：它适用于所有调制方式的通信体制，接收灵敏度大幅提高，但是技术实现复杂。

相干检测的分类：根据本振光与信号光的频率是否相同，可以将相干检测进一步分为零差检测和外差检测。

零差检测与外差检测：零差检测要求本振光和接收光频率完全相同，因此实现难度较高；在相同的通信速率下，外差检测方式的信噪比要比零差检测方式的信噪比低 3 dB。

7.2.4　瞄准、捕获和跟踪技术

1. 瞄准、捕获和跟踪系统基本结构与工作过程

瞄准(pointing)：控制激光通信终端的发射光束(或接收朝向)对准某一方向，主要涉及预瞄准和超前瞄准两方面。

捕获(acquisition)：激光通信终端在光路开环的状态下，通过扫描补偿不确定区域，实现光信号的准确、有效送达。

跟踪(tracking)：两个激光通信终端完成捕获后，为补偿相对运动、平台振动和其他干扰，保持两终端光束精确对准的过程。

典型的瞄准、捕获和跟踪系统组成：粗瞄模块、精瞄模块和提前瞄准模块。

瞄准、捕获和跟踪典型工作流程：

① 预瞄准：根据星历表轨道预报和姿态参数等计算出两终端的大致指向。

② 捕获：终端在不确定区域内进行光束发送或接收视场的搜索。

③ 跟踪：为克服平台振动、相对运动和其他干扰带来的影响，根据测得的角度偏差和轨道姿态数据，保持链路中两终端的对准状态。

2. 捕获扫描技术

捕获方式：凝视/凝视方式、凝视/扫描方式、扫描/扫描方式。

典型捕获扫描方式：矩形扫描、螺旋扫描、矩形螺旋扫描、玫瑰扫描和李萨如扫描等。

3. 跟踪技术

跟踪方式：单向跟踪(链路光束开环)或双向跟踪(链路光束闭环)两种方式。

7.3　习题讲解

【7-1】　判断题：卫星激光通信就是自由空间激光通信。

知识点分析：该题考查卫星激光通信的基本概念。

答案：×。

解析：自由空间激光通信是指以激光作为信息载体，不使用光纤等有线信道做传输介质(在空间上包括大气层和外太空)，直接进行信息传输的通信方式，涉及深空、星间、星地、近地以及水下等多种类型。卫星激光通信是一种利用激光作为信息载体(载波)实现卫星通信的技术手段。可以看出，卫星激光通信强调通信参与方含有卫星，而自由空间激光通信强调传输信道为自由空间。通常认为，卫星激光通信是自由空间激光通信的一种形式。

【7-2】_____,以美、欧、日为代表的国家和地区就开始对卫星激光通信技术展开理论研究和关键技术攻关。_____以来,各国逐步开始卫星激光通信在轨技术验证。

知识点分析:该题考查卫星激光通信的发展历程。

答案:20 世纪 70 年代、20 世纪 90 年代。

解析:卫星激光通信的发展大致可以划分为两个阶段:理论研究和关键技术攻关阶段、在轨技术验证阶段。早在 20 世纪 70 年代,美、欧、日等开始对卫星激光通信技术展开理论研究和关键技术攻关,研究内容涉及激光在大气中的传输特性、大气湍流对激光信号传输的影响、高精度跟瞄技术等。而后,在光纤通信迅速发展的同时,卫星激光通信的研究由于受到大气损耗的严重影响而陷入低谷。随着光电子、精密制造等技术的发展,卫星激光通信又成为研究热点。20 世纪 90 年代以来,各国逐步开始卫星激光通信在轨技术验证。

【7-3】下列( )不是卫星激光通信对光源的要求?

A. 调制速率高　　　B. 功率足够大

C. 寿命长　　　　　D. 线宽足够宽

知识点分析:该题考查卫星激光通信中光源应该具备的特点。

答案:D。

解析:在卫星激光通信中,通信双方往往距离较远,通常为几千至几万千米,光功率衰减很大,为了确保接收方能得到足够的光功率,光源需要具有足够大的功率;为了实现高速率通信,需要将高速电信号调制到光信号上,从而光源的调制速率要高;为确保系统在无维修的条件下能够长期正常工作,还要求光源可靠性高、寿命长;同时,为了提高接收灵敏度,卫星激光通信常采用相干光接收技术,在接收方需要对收到的光信号与一个本振光信号进行相干混合,因此要求光源线宽窄、相干性好。因此,D 选项不是卫星激光通信对光源的要求。

【7-4】( )天线由抛物镜和平面折叠镜组成,没有次镜遮挡,收发效率很高。

A. 离轴反射式　　　B. 卡塞格伦型

C. 同轴反射式　　　D. 透射式

知识点分析:该题考查离轴反射式光学天线的组成和特点。

答案:A。

解析:A 选项中的离轴反射式光学天线由抛物镜和平面折叠镜组成,通过光瞳与视场离轴,次镜不再遮挡主镜光路,能够提高收发效率,但是结构较为复杂,装调和加工比较困难。

B 选项中的卡塞格伦型光学天线由焦点重合的抛物面主镜和双曲面次镜组

成,像质好、结构简单并且加工制造工艺成熟,但是次镜遮挡部分发射和接收的光能量。

C 选项中的同轴反射式光学天线是一类主镜和次镜处于同一中心轴线上的光学天线,主要有格里高利型、牛顿型和卡塞格伦型,存在次镜遮挡,可造成超过25%的能量损失。

D 选项中的透射式光学天线由一组透镜构成,优点是制作简单,缺点是口径不能太大。

【7-5】 在相同的通信速率下,相干光接收外差检测方式的信噪比要比零差检测方式的信噪比低_____。

知识点分析:该题考查相干光接收外差检测和零差检测的概念与特点。

答案:3 dB。

解析:相干光接收中,信号光与本振光混频后光功率可表示为

$$P(t) = P_S + P_L + 2\sqrt{P_S P_L} \cos\left[\omega_{IF} t + (\varphi_S - \varphi_L)\right]$$

其中,ω、φ 分别表示光信号的频率与相位;$P_S = kA_S^2$,为信号光功率;$P_L = kA_L^2$,为本振光功率;$\omega_{IF} = \omega_S - \omega_L$,为信号光与本振光的频率差,是中频。

根据本振光与信号光的频率是否相同,可以将相干检测进一步分为零差检测和外差检测。若 $\omega_S = \omega_L$,$\omega_{IF} = 0$,则称为零差检测;若 $\omega_{IF} \neq 0$,则称为外差检测。

零差检测时,光检测器产生的光电流为

$$I_{ho}(t) = R(P_S + P_L) + 2R\sqrt{P_S P_L} \cos(\varphi_S - \varphi_L)$$

其中,R 是检测器灵敏度。本振光相位被锁定在信号光相位上,此时有 $\varphi_S - \varphi_L = 0$。滤除直流分量,得到光电流

$$I_{ho}(t) = 2R\sqrt{P_S P_L}$$

光电流的平均功率为

$$<I_{ho}^2(t)> = 4R^2 P_S P_L \tag{7-1}$$

外差检测时,光检测器产生的光电流为

$$I_{he}(t) = R(P_S + P_L) + 2R\sqrt{P_S P_L} \cos\left[\omega_{IF} t + (\varphi_S - \varphi_L)\right]$$

滤除直流分量,得到光电流为

$$I_{he}(t) = 2R\sqrt{P_S P_L} \cos\left[\omega_{IF} t + (\varphi_S - \varphi_L)\right]$$

光电流的平均功率为

$$<I_{he}^2(t)> = 2R^2 P_S P_L \tag{7-2}$$

根据式(7-1)和式(7-2),在噪声功率相同的情况下,外差检测方式的信噪比要比零差检测方式的信噪比低 3 dB。

【7-6】 _____捕获方式是卫星激光通信中使用最为广泛的方式。

知识点分析:该题考查瞄准、捕获和跟踪技术中捕获方式的种类和特点。

答案：凝视/扫描。

解析：在卫星激光通信中,根据主动方光束发散角、被动方捕获检测器视场角和不确定区域之间的大小关系,捕获方式可以分为凝视/凝视方式、凝视/扫描方式、扫描/扫描方式。

凝视/凝视方式要求主动方的光束发散角和被动方捕获检测器视场角都大于不确定区域,在这种情况下可立即完成捕获,但是要求光束在发散角较大的情况下能满足长距离传输所需要的功率,对器件能力要求较高,这种方式较少采用。

在扫描/扫描方式中,主动方的光束发散角和被动方捕获检测器视场角都小于不确定区域,通信双方都要在不确定区域内进行扫描,以捕获对方建立光链路。这种方式捕获时间较长,一般也较少采用。

采用凝视/扫描方式时,主动方光束发散角小于不确定区域而被动方捕获检测器视场角大于不确定区域,主动方利用光束在不确定区域内对被动方进行扫描捕获,被动方的捕获检测器对准主动方光束可能到达的方向凝视等待。若主动方采用信标光进行捕获,则典型捕获过程如下:

① 通信双方依据其轨道参数和星历表指向对方。

② 主动方通过跟踪系统用信标光对被动方的不确定区进行扫描。

③ 当被动方的捕获检测器探测到信标光后,它利用跟踪检测器测得视轴与信标光的偏差,跟踪控制器校正其视轴方向,向主动方发出信号光。

④ 主动方探测到被动方的信号光后,信标光停止扫描,利用跟踪检测器测得的视轴与被动方信号光的偏差,跟踪控制器校正其视轴方向。

⑤ 被动方信号光进入主动方精跟踪探测器视场内,实现光反馈;如果主动方视轴与被动方信号光的偏差小于设定值,则主动方向被动方发出信号光,捕获完成。

为确保接收光功率,主动方发出的光束发散角一般情况下是小于不确定区域的,而视场角大于不确定区域的捕获检测器比较容易获得,因此这种凝视/扫描捕获方式应用最为广泛。

自测练习

一、填空题

1. 由于卫星激光通信系统通信距离远、容易受到卫星振动等因素的影响,因此需要采用精确的_____控制技术来实现两卫星激光通信终端天线的精确对准。

2. 钇铝石榴石(Nd:YAG)固体激光器的工作波长为_____。

3. _____光学天线由焦点重合的抛物面主镜和双曲面次镜组成,这两个非球面的焦点重合。

4. 通信子系统所用的光检测器主要是_____。

5. 典型的瞄准、捕获和跟踪子系统包括 _____、_____ 和提前瞄准模块。

6. _____就是根据螺旋线的轨迹对不确定区域进行扫描,从目标出现概率最高的中心位置开始扫描,捕获效率高。

7. 在完成瞄准和捕获后,需要解决的问题就是将对面终端发射出的光束保持在检测器的视域范围内,需要将接收端光阑相对于入射光保持正确定向,这一过程即为_____。

二、选择题

1. 欧洲航天局(ESA)的(　　)首次在太空建立激光通信链路。

A. LLCD 项目　　　　　　　　　B. GeoLITE 项目

C. SILEX 计划　　　　　　　　　D. TDRS 项目

2. 我国从(　　)开始发展卫星激光通信技术。

A. 20 世纪 70 年代　　　　　　　B. 20 世纪 90 年代

C. 20 世纪 80 年代　　　　　　　D. 21 世纪

3. (　　)体积小,具有转换效率较高、结构简单、可直接调制等优点,因此成为卫星激光通信光源的重要候选者,越来越多的卫星激光通信系统采用其 1 550 nm 波段产品。

A. Nd：YAG 固体激光器　　　　　B. CO_2 激光器

C. 光纤激光器　　　　　　　　　D. 半导体激光器

4. (　　)天线由焦点重合的抛物面主镜和双曲面次镜组成,像质好、结构简单并且加工制造工艺成熟,在卫星激光通信系统中应用较多。

A. 格里高利型　　　　　　　　　B. 卡塞格伦型

C. 牛顿型　　　　　　　　　　　D. 开普勒型

5. (　　)捕获方式要求主动方的光束发散角和被动方捕获检测器视场角都大于不确定区域。

A. 凝视/凝视　　　　　　　　　　B. 凝视/扫描

C. 扫描/扫描　　　　　　　　　　D. 扫描/凝视/扫描

6. (　　)扫描也称光栅扫描、弓形扫描等,就是对不确定区域进行逐行扫描,能够非常理想地对不确定区域进行覆盖,并且易于设计实现。

A. 矩形螺旋　　　　　　　　　　B. 玫瑰

C. 矩形　　　　　　　　　　　　D. 李萨如

三、判断题

1. CO_2 激光器是一种气体激光器,具有很高的光频稳定度。　　　　　　(　　)

2. Nd:YAG 激光器是一种气体激光器,只能单次脉冲运转,不能高重复频率或连续运转。　　　　　　(　　)

3. 电吸收调制器也称为马赫—曾德尔(M—Z 型)调制器,是利用铌酸锂晶体的电光效应制成的。　　　　　　(　　)

4. 透射式光学天线的优点是制作简单,缺点是口径不能太大,大口径物镜的制造工艺和玻璃熔炼较困难。　　　　　　(　　)

5. 离轴反射式光学天线最大的缺点是存在中心遮拦,不仅会大幅降低发射效率,还会损失一部分接收的能量。　　　　　　(　　)

6. 同轴反射式光学天线主要有格里高利型、牛顿型和卡塞格伦型。　(　　)

7. 相干光接收方式是适用于所有调制方式的通信体制。　　　　　(　　)

8. 相干光通信中,接收机本地光场频率必须与信号光频率相同。　(　　)

9. 光纤直接检测接收方式能够实现高阶调制。　　　　　　(　　)

四、简答题

1. 在卫星通信中,使用激光与使用微波相比有哪些优势和挑战?

2. 简述卫星激光通信终端的组成。

3. 简述卫星激光通信光学系统的组成。

4. 对比直接检测接收和相干检测接收在卫星激光通信中的优、缺点。

5. 在卫星激光通信系统中,瞄准(pointing)、捕获(acquisition)、跟踪(tracking)分别指的是什么?

第8章 卫星移动通信

8.1 内容总览

卫星移动通信充分发挥了卫星通信的优势和特点,不仅可以向人口密集的城市区域提供移动通信,也可以向人口稀少的山区、海岛等区域提供移动通信。如图8-1所示,本章阐述卫星移动通信的基本概念、分类、特点及系统组成;介绍

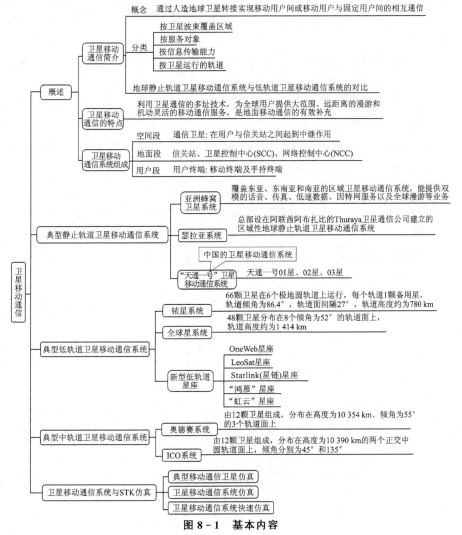

图 8-1　基本内容

亚洲蜂窝卫星系统、瑟拉亚系统、"天通一号"卫星移动通信系统等地球静止轨道卫星移动通信系统；介绍铱星系统、全球星系统、新型低轨道星座等低轨道地球卫星移动通信系统；介绍奥德赛系统、ICO 系统等中轨道卫星移动通信系统；利用 STK 仿真软件开展卫星移动通信系统仿真。

8.2 学习要点

8.2.1 概　述

1. 卫星移动通信简介

卫星移动通信：通过人造地球卫星转接实现移动用户间或移动用户与固定用户间的相互通信。

卫星移动通信能够为用户提供广覆盖、高质量的话音、短消息、传真和数据等服务。

卫星移动通信系统按卫星波束覆盖区域，可分为区域卫星移动通信系统和全球卫星移动通信系统。

卫星移动通信系统按服务对象，可分为陆地卫星移动通信系统、航海卫星移动通信系统和航空卫星移动通信系统。

卫星移动通信系统按信息传输能力，可分为宽带系统和窄带系统。

卫星移动通信系统按卫星运行的轨道，可分为地球静止轨道卫星移动通信系统、中轨道卫星移动通信系统和低轨道卫星移动通信系统。

地球静止轨道卫星移动通信系统与低轨道卫星移动通信系统各有特点，见表 8-1 所列。

表 8-1　地球静止轨道卫星移动通信系统与低轨道卫星移动通信系统的区别

卫星移动通信系统类型	代表系统	卫星数量	质量	功率	时延	天线	建设周期	复杂度	过顶通信时间
地球静止轨道卫星移动通信系统	海事卫星系统、天通一号等	少	大	低	200 ms 以上	大型	短	低	24 h
低轨道卫星移动通信系统	铱星系统全球星等	多	相对小	高	10 ms 左右	无须大型	长	高	十几分钟左右

2. 卫星移动通信的特点

卫星移动通信最大的特点是利用卫星通信的多址技术,为全球用户提供大范围、远距离的漫游和机动灵活的移动通信服务,是地面移动通信的有效补充,具有以下特点:

① 为实现全球覆盖,卫星移动通信需要采用多种卫星系统。

② 卫星移动通信覆盖区域及大小与卫星的轨道倾角、轨道高度以及卫星的数量有关。

③ 卫星移动通信用户多样,移动载体可以是飞行器、地面移动装备、海上移动载体和移动单兵等。

④ 卫星天线波束能够适应地面覆盖区域的变化保持指向,移动用户终端的天线波束能够随用户的移动而保持对卫星的指向,或者采用全方向性的天线波束。

⑤ 由于移动用户终端的有效全向辐射功率有限,因此卫星转发器及星上天线需要专门设计,并采用多点波束技术和大功率技术满足系统要求。

⑥ 由于移动用户的运动,当移动终端与卫星转发器间的链路受到阻挡时,会产生"阴影"效应,造成通信中断。卫星移动通信中,需要移动用户终端能够多星共视。

⑦ 移动终端的体积、功耗、质量需要进一步小型化,尤其是手持终端的要求更为严格。

⑧ 多颗卫星构成的卫星星座系统需要建立星间通信链路,采用星上处理、星上交换等技术,或者需要建立具有交换和处理能力的信关站。

3. 卫星移动通信系统组成

卫星移动通信系统包括空间段、地面段及用户段,如图 8 - 2 所示。

空间段一般由多颗卫星组成,这些卫星可以是地球静止轨道通信卫星、中轨道通信卫星或者低轨道通信卫星。空间段在用户与信关站之间起到中继作用。

通信卫星的作用:接收上行信号并且传输到下行链路中,完成信号的放大、干扰抑制和频率变化等。

除了进行通信中继,空间段还可以进行资源管理和地址路由,也能通过星间链路实现空天网络的一体化。

地面段主要包括信关站(gateway)、卫星控制中心(Satellite Control Center,SCC)、网络控制中心(Network Control Center,NCC)等,信关站通过公用交换电话网(Public Switched Telephone Network,PSTN)与电信运营商互联。

信关站的作用:完成卫星信号的接收和发送、协议转换、流量控制等,是地面通信网络和卫星网络连接的固定接入点。

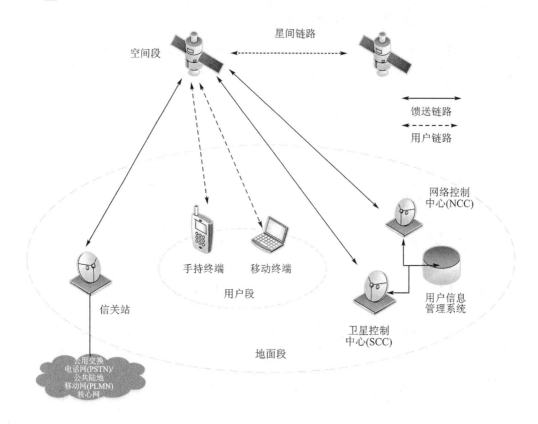

图 8-2 卫星移动通信系统的基本组成

卫星控制中心的作用:负责监视卫星的性能,控制通信卫星的轨道位置、姿态等,具体包括测距、分析轨道、模拟动态卫星、生成指令、支持在轨测试等功能。

网络控制中心的作用:负责集中管理和协调信关站的工作,处理用户登记、身份确认、计费和其他的网络管理功能。

用户段主要由用户终端组成,包括移动终端及手持终端,可以是手持的、便携的、机载的、船载的、车载的等。

移动终端指支持在移动中工作的终端,包括各种手持设备、置于各种移动平台上的终端以及置于各种交通工具(如飞机、航天器)中的终端。

便携终端指尺寸与公文包或笔记本计算机相当的可搬移的设备,这些设备可以从一个地方被搬移到另外一个地方,但不支持在搬移过程中进行通信。

8.2.2 典型静止轨道卫星移动通信系统

1. 亚洲蜂窝卫星系统

亚洲蜂窝卫星系统(Asian Cellular Satellite,ACeS)是印度尼西亚等国建立起来的覆盖东亚、东南亚和南亚的区域卫星移动通信系统,能够向亚洲地区的用户提供双模(卫星-GSM)的话音、传真、低速数据、因特网服务以及全球漫游等业务。

亚洲蜂窝卫星系统包括地球静止轨道通信卫星、卫星控制站(Satellite Control Facility,SCF)、网络控制中心、信关站和用户终端等部分。

亚洲蜂窝卫星系统包括两颗格鲁达(Garuda)卫星。2000 年 2 月 12 日格鲁达-1 号(Garuda-1)发射升空,定点在 123°E 的地球静止轨道上,位于加里曼丹岛(即婆罗洲)上空。卫星装有两副 12 m 口径的 L 频段天线和一副 3 m 口径的 C 频段天线。

卫星控制站:用于管理、控制和监视卫星的各种硬件、软件和其他设施。

网络控制中心:管理卫星有效载荷资源,管理和控制亚洲蜂窝卫星系统整个网络的运行。

2. 瑟拉亚系统

瑟拉亚(Thuraya)系统是由总部设在阿联酋阿布扎比的 Thuraya 卫星通信公司建立的区域性地球静止轨道卫星移动通信系统。

瑟拉亚系统的卫星网络涵盖欧洲、北非、中非、南非大部、中东、中亚和南亚等 110 个国家和地区,约全球 1/3 的区域,可以为 23 亿人口提供卫星移动通信服务。

瑟拉亚系统有 3 颗卫星:

① 瑟拉亚-1 号(Thuraya-1)卫星于 2000 年发射升空,定点于 28.5°E,是中东地区第一颗移动通信卫星。

② 瑟拉亚-2 号(Thuraya-2)卫星于 2003 年发射升空,定点于 44°E,地面关口站位于阿联酋,服务整个卫星信号覆盖区域。

③ 瑟拉亚-3 号(Thuraya-3)卫星于 2007 年发射升空,定点于 98.5°E,为亚太地区的行业用户和个人用户提供手持通信和卫星 IP 业务。

瑟拉亚卫星装有口径 12.25 m 的天线,可以产生 250～300 个波束,提供与 GSM 兼容的移动电话业务;具有星上数字信号处理功能,能够实现手持终端之间或者终端与地面通信网之间呼叫的路由功能;卫星通过数字波束成形技术能够重新配置波束覆盖,通过扩大波束或者形成新的波束,可以实现热点地区的最优化覆盖。

瑟拉亚系统的工作频率:

卫星与用户间工作在 L 频段:

① 上行链路的工作频率为 1 626.5～1 660.5 MHz。

② 下行链路的工作频率为 1 525～1 559 MHz。

卫星与信关站间工作在 C 频段：

① 上行链路的工作频率为 6.425～6.725 GHz。

② 下行链路的工作频率为 3.4～3.625 GHz。

3."天通一号"卫星移动通信系统

"天通一号"卫星移动通信系统是我国建设的地球静止轨道卫星移动通信系统,为解决个人移动通信、小型终端高速数据传输等提供了有效手段,大大提高了我国的卫星移动通信能力。

"天通一号"卫星移动通信系统有 3 颗卫星：

①"天通一号 01 星"于 2016 年 8 月 6 日成功发射,标志着我国进入卫星移动通信的"手机时代",填补了国内空白。

②"天通一号 02 星"于 2020 年 11 月 12 日发射升空。

③"天通一号 03 星"于 2021 年 1 月 20 日发射升空。

"天通一号 01 星"基于东方红四号平台研制,用户链路工作于 S 频段,卫星拥有多个国土点波束,通过百余个 S 频段收发共用点波束覆盖我国领土及周边地区。卫星采用星上透明转发,通过信关站实现两跳通信,同时支持 5 000 路话音信道,可为 30 万用户提供话音、短消息、传真和数据等服务,通信速率为 9.6～384 kbit/s。

8.2.3　典型低轨道卫星移动通信系统

低轨道卫星移动通信系统利用位于 500～1 500 km 高度的多颗卫星构成卫星星座,从而组成全球(或区域)卫星移动通信系统。

低轨道卫星移动通信系统主要包括空间段、地面段和用户段,如图 8-3 所示。

空间段由多颗低轨道卫星组成,采用星间链路实现互联互通,具备全球组网与数据交换路由的能力。卫星可以采用倾斜轨道或极轨道或两者并用,一般为圆轨道。

地面段是系统的控制中心、数据交换中心、运营中心,由信关站、测控站、移动通信网络、运控系统、综合网管系统和业务支撑系统组成。

用户段由各类用户终端组成,包括手持终端、车载站、舰载站、机载站等。

典型的低轨道卫星移动通信系统有铱星系统、全球星系统(Globalstar)和轨道通信系统(Orbcomm)等。

1. 铱星系统

铱星系统有 66 颗卫星在 6 个极地圆轨道上运行。

铱星系统的星座采用近极轨道,轨道倾角为 86.4°,轨道面间隔 27°,轨道高度约为 780 km,每个轨道面上均匀分布 11 颗卫星及 1 颗备用星。

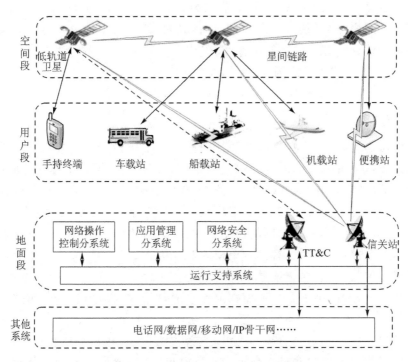

图 8 - 3　低轨道卫星移动通信系统架构

　　铱星系统采用了星上处理、星上交换和星间链路技术；系统中卫星与卫星之间通过星间链路实现互联互通，卫星与同一轨道面内相邻的前后两颗卫星建立星间链路，与左右相邻轨道上的卫星建立轨道间链路。

　　铱星系统的工作频率如图 8 - 4 所示。

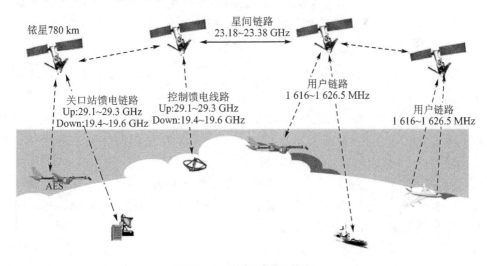

图 8 - 4　铱星网络示意图

星间链路工作在 Ka 频段,频率范围为 23.18~23.38 GHz。

卫星与用户终端的链路工作在 L 频段,频率范围为 1 616~1 626.5 MHz。

卫星与地球站之间的链路工作在 Ka 频段:

① 上行链路的频率范围为 29.1~29.3 GHz。

② 下行链路的频率范围为 19.4~19.6 GHz。

2. 全球星系统

全球星系统利用 48 颗绕地球运行的低轨道卫星,在全球(除南北两极)范围内向用户提供无缝覆盖的语音、传真、数据、短信息、定位等卫星移动通信业务。

全球星系统的卫星采用倾斜轨道星座,均匀分布在 8 个倾角为 52°的轨道面上,每个轨道面有 6 颗卫星和 1 颗备用星,轨道高度约为 1 414 km,轨道周期约为 113 min,相邻轨道面相邻卫星间的相位差为 7.5°,传输时延和处理时延小于 300 ms。

全球星系统用户的工作模式:单模式和双模式。

单模式终端:只能在全球星系统中使用。

双模式终端:既可工作在地面蜂窝移动通信模式,也可工作在卫星通信模式(在地面蜂窝网覆盖不到的地方)。

全球星系统能够对南北纬 70°之间实现多重覆盖,在每一地区至少有两星覆盖。系统没有星间链路和星上处理,用户通过卫星链路接入地面公用网,在地面网的支持下实现全球卫星移动通信。

全球星系统的工作频率:

卫星与关口站之间的链路工作在 C 频段,上行链路的工作频率为 5.091~5.25 GHz,下行链路的工作频率为 6.875~7.055 GHz。

卫星与用户之间的上行链路工作在 L 频段,频率为 1 610~1 626.5 MHz;下行链路工作在 S 频段,频率为 2.483 3~2.5 GHz。

3. 新型低轨道星座

新型低轨道星座有 OneWeb、LeoSat 和 Starlink(星链)等低轨道卫星通信系统。

OneWeb 星座:第一阶段在高度约 1 200 km、倾角约 87.9°的 18 个轨道面上部署超过 600 颗卫星,卫星采用透明转发器。卫星与用户间链路工作于 Ku 频段,卫星与地球站之间工作于 Ka 频段。

LeoSat 星座:计划部署 108 颗低轨道卫星组成星座,卫星运行在轨道高度约为 1 400 km 的轨道上,采用 6 个轨道面,每个轨道面上部署 18 颗卫星,每颗卫星可以与相邻卫星保持 4 条星间链路。LeoSat 用户波束和信关站波束采用 Ka 频段,星间链路采用激光通信。

Starlink 星座:在地球上空部署上万颗卫星组成的巨型卫星星座,用户链路采用 Ku 频段,馈线链路采用 Ka 频段;另外,采用 V 频段的甚低轨星座,能够实现传输信号增强。

我国的"鸿雁"星座由中国航天科技集团提出,为国内首套全球低轨道卫星移动通信系统,由 300 多颗低轨道卫星组成,可以在全球范围内实现宽带和窄带相结合的移动通信,为用户提供实时双向通信。

我国的"虹云"星座由中国航天科工集团提出,由 156 颗低轨道卫星组成,在轨道高度 1 000 km 上组网运行,面向全球移动互联网和网络高速接入需求,采用 Ka 频段通信,每颗卫星最大支持速率为 4 Gbit/s。

8.2.4　典型中轨道卫星移动通信系统

中轨道卫星离地球高度约 10 000 km。轨道高度的降低可减弱地球静止轨道卫星通信的缺点,可为用户提供体积、质量、功率较小的移动终端设备。用较少数目的中轨道卫星即可构成覆盖全球的卫星移动通信系统。

中轨道卫星移动通信系统一般采用网状星座,卫星运行轨道为倾斜轨道,典型的有奥德赛系统和 ICO 系统。

1. 奥德赛系统

奥德赛系统的空间段由 12 颗卫星组成,分布在高度为 10 354 km、倾角为 55°的 3 个轨道面上,卫星设计寿命为 12~15 年。倾斜轨道的优势是卫星在多数时间里在多纬度地区均能提供高仰角,系统平均仰角为 55°,最小仰角为 26°。

系统的地面段包括卫星管理中心、地球站、信关站和地面网络等。

系统的用户终端是手持终端,采用双模式工作,可以同时在地面蜂窝移动通信系统和奥德赛系统中使用,可以自动切换。

奥德赛系统工作在 L、S、Ka 频段。

卫星和地球站工作在 Ka 频段,上行链路的工作频率为 29.5~29.84 GHz,下行链路的工作频率为 19.7~20.0 GHz。

卫星和用户终端的下行链路工作在 L 频段,工作频率为 1 610~1 626.5 MHz;上行链路工作在 S 频段,工作频率为 2.483~2.5 GHz。

2. ICO 系统

ICO 系统空间段由 12 颗卫星均匀分布在高度为 10 390 km 的两个正交中圆轨道面上,每个轨道面上有 5 颗卫星和 1 颗备用星,卫星间没有星间链路。卫星轨道为倾斜圆轨道,倾角分别为 45°和 135°。卫星拥有两副口径为 2 m 的天线,采用数字波束形成技术,每颗卫星有 163 个点波束,至少能支持 4 500 个语音信号,采用时分多址技术。

用户终端包括手持终端、车载站、航空站、海事站等终端,以及半固定站和固定站等。

8.2.5 卫星移动通信系统与 STK 仿真

1. 典型移动通信卫星仿真

典型移动通信卫星(如铱星、"天通一号"卫星等)可以通过卫星数据库直接插入。

多颗卫星组成的卫星移动通信系统可以通过插入 Constellation 对象的方法进行仿真,如图 8-5 所示。

① 插入 Constellation 对象 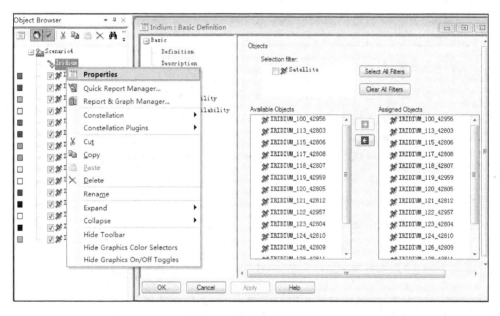 ,并重命名为新的星座名称,如"Iridium"。

② 选择星座对象,右击选择"Properties",弹出属性窗口。

③ 选择"Available Objects"中的某颗卫星后,单击中间的"→"按钮可以将这颗卫星添加到星座中。

图 8-5　铱星星座的设置

2. 卫星移动通信系统仿真

卫星移动通信系统的仿真通过设置轨道高度、倾角、升交点赤经、真近点角等参数仿真星座中的多颗卫星。其中,星座中的轨道高度和倾角一般是相同的,不同的轨道通过升交点赤经来区分,同一条轨道上的不同卫星通过真近点角来区分。通过依次仿真系统中的每颗卫星实现对系统的仿真。

3. 卫星移动通信系统快速仿真

对于卫星数目较多的卫星星座,STK 仿真软件提供了一种快速仿真方法,可以实现对卫星移动通信系统的快速仿真。

① 新建 STK 场景后,插入一颗"种子"卫星。

② 选择"种子"卫星,右击选择"Satellite"后在右侧列表中选择"Walker…"。

③ 在"Walker Tool"对话框中设置"Type""Number of Sats per Plane""Number of Planes""Inter Plane Spacing"等参数,如图 8-6 所示。

④ 单击"Create Walker"按钮后,产生一个倾斜轨道星座。

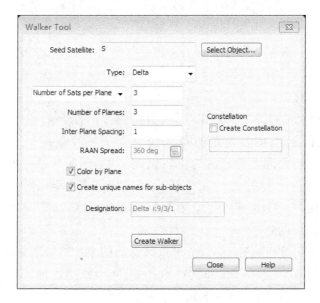

图 8-6 "Walker Tool"对话框

8.3 习题讲解

【8-1】 卫星移动通信覆盖区域及大小与卫星的＿＿＿＿＿、＿＿＿＿＿以及卫星的数量有关,在进行系统设计时需要根据覆盖要求合理选择不同类型的卫星轨道。

知识点分析:该题考查卫星移动通信的覆盖特点。读者需要结合卫星的覆盖特性和星下点特点等知识点进行分析。

答案:轨道倾角、轨道高度。

解析:卫星移动通信能够覆盖的区域与卫星的星下点位置有关。轨道倾角决定星下点轨迹的纬度变化范围,即卫星星下点能够达到的南北纬范围。通信卫星要实现对高纬度地区的覆盖需要采用倾角较大的卫星轨道。

卫星覆盖区域的大小与轨道高度有关,轨道越高,覆盖范围越大。

单颗卫星的覆盖范围有限,尤其是低轨道卫星覆盖范围小,需要多颗卫星组成星座从而满足覆盖要求。

因此,卫星移动通信覆盖区域及大小与卫星的轨道倾角、轨道高度以及卫星的数量有关。

【8-2】 瑟拉亚(Thuraya)系统是一个典型的区域性地球静止轨道卫星移动通信系统,在覆盖范围内向移动用户提供通信服务,卫星与用户间工作在_____频段,_____链路的工作频率为 1 626.5～1 660.5 MHz,_____链路的工作频率为 1 525～1 559 MHz。

知识点分析:该题考查卫星移动通信系统的工作频率,涉及不同工作频率的特点以及上、下行链路的频率特点。

答案:L、上行、下行。

解析:L 频段具有不受天气影响,对天线的方向性要求较低等特点,常用于卫星移动通信系统,尤其是卫星与用户间多采用 L 频段。

地球站到卫星之间的链路称为上行链路,卫星到地球站之间的链路称为下行链路,一般而言,上行链路的工作频率要高于下行链路的工作频率。因此,1 626.5～1 660.5 MHz 的频率为上行链路采用的频率,1 525～1 559 MHz 的频率为下行链路采用的频率。

【8-3】 利用 STK 仿真低轨道卫星移动通信系统时,同一轨道上的 S 颗卫星具有相同的轨道高度、倾角、升交点赤经等,同一轨道上的不同卫星通过轨道参数_____来区分,同一轨道上相邻卫星的相位差为_____。

知识点分析:该题考查 STK 仿真卫星移动通信系统星座时的参数设置,涉及轨道六要素以及卫星相位等知识点。

答案:真近点角(True Anomaly)、360°/S。

解析:轨道六要素有半长轴 a、偏心率 e、轨道倾角 i、升交点赤经 Ω、近地点幅角 w 和真近点角 v。前五个参数决定轨道形状与大小以及轨道的空间位置,而最后一个参数——真近点角决定了卫星在轨道上的位置,因此第一个空应该是真近点角,该参数在 STK 仿真软件中是 True Anomaly。

一般而言,卫星移动通信系统中同一轨道上的卫星均匀分布在轨道上,而题目中给出轨道上共有 S 颗卫星,因此相邻卫星的相位差为 360°/S。

【8-4】 卫星移动通信系统一般包括空间段、地面段及用户段,下列选项中( )不是地面段的组成部分。

A. 信关站   B. 卫星控制中心

C. 网络控制中心　　　　　　　D. 移动终端

知识点分析：该题考查卫星移动通信系统的组成,涉及各部分的主要组成。

答案：D。

解析：地面段是卫星移动通信系统的重要组成部分,包括信关站(gateway)、卫星控制中心(Satellite Control Center,SCC)和网络控制中心(Network Control Center,NCC),而移动终端是用户段的组成部分,是支持在移动中工作的终端。

【8-5】 奥德赛系统中卫星间没有星间链路,采用透明转发器,不具备星上处理能力,采用(　　)技术,抗干扰性能和保密性较好。

A. FDMA　　　　　　　　　　B. TDMA

C. CDMA　　　　　　　　　　D. SDMA

知识点分析：该题考查卫星通信系统的多址技术及在具体系统中的应用。读者需要了解不同多址技术的特点。

答案：C。

解析：通信卫星轨道高度较高,覆盖范围广,覆盖区内有大量的用户终端,通过多址技术实现多个用户终端之间互相通信。常用的多址技术有频分多址(FD-MA)、时分多址(TDMA)、码分多址(CDMA)和空分多址(SDMA)。

码分多址(CDMA)通过不同的地址码区分不同用户,利用地址码可以对信号进行扩频,使用户信号频谱大大展宽,具有较好的隐蔽性,保密性好。在接收端对接收到的扩频信号解扩,带内干扰较少,从而提高系统的抗干扰能力。因此,码分多址(CDMA)具有抗干扰性能和保密性较好的优点。

【8-6】 O3b 卫星运行于 8 062 km 的中圆轨道,接近赤道面,轨道倾角为 0.1°,假设地球站天线仰角为 20°,则卫星覆盖的纬度范围多大?

知识点分析：该题考查的知识点是卫星覆盖范围及轨道倾角对星下点纬度的影响等。读者需要结合前面所学知识开展计算。

答案：45.6°。

解析：卫星覆盖的纬度范围与星下点纬度和覆盖的最大半地心角有关。轨道倾角决定星下点轨迹的纬度变化范围。O3b 卫星的轨道倾角为 0.1°,因此卫星的星下点轨迹在南北纬 0.1°之间。

卫星覆盖的最大半地心角

$$\alpha_{max} = \arccos\left[\frac{r_E}{h + r_E}\cos\phi_{e_{min}}\right] - \phi_{e_{min}}$$

$$= \arccos\left[\frac{6\ 378}{8\ 062 + 6\ 378} \times \cos 20°\right] - 20° \approx 45.5°$$

O3b 卫星覆盖的纬度范围约为 45.5° + 0.1° = 45.6°。

自测练习

一、填空题

1. 地面段的_____是卫星移动通信系统的重要组成部分,主要完成卫星信号的接收和发送、协议转换、流量控制等。

2. _____是印度尼西亚等国建立起来的区域卫星移动通信系统,首颗卫星于 2000 年 2 月 12 日发射升空,位于加里曼丹岛(即婆罗洲)上空。

3. _____是我国的卫星移动通信系统,卫星工作于地球静止轨道,用户链路工作于_____频段,覆盖我国领土及周边地区。

4. 瑟拉亚(Thuraya)系统是典型的_____卫星移动通信系统,采用极轨道的_____是典型的低轨道卫星移动通信系统。

5. Starlink(星链)星座由太空服务公司 SpaceX 提出,是在地球上空部署上万颗卫星组成的巨型卫星星座,用户链路采用_____频段,馈线链路采用_____频段。

二、选择题

1. 地面段的信关站是卫星移动通信系统的重要组成部分,下列(　　)不是信关站的主要作用。

A. 卫星信号的接收和发送　　　　　　B. 负责监视卫星的性能

C. 协议转换　　　　　　　　　　　　D. 流量控制

2. 奥德赛系统是典型的中轨道卫星移动通信系统,工作在 L、S、Ka 频段,卫星与地球站之间上行链路的工作频率为(　　)。

A. 29.5～29.84 GHz　　　　　　　　B. 19.7～20.0 GHz

C. 1 610～1 626.5 MHz　　　　　　　D. 2.483～2.5 GHz

3. 全球星系统能够对南北纬 70°之间实现多重覆盖,在每一地区至少有两星覆盖,该系统是典型的(　　)。

A. 地球静止轨道卫星移动通信系统

B. 椭圆轨道卫星移动通信系统

C. 低轨道卫星移动通信系统

D. 中轨道卫星移动通信系统

4. (　　)是在地球上空部署上万颗卫星组成的巨型卫星星座,结合 Ku/Ka 双频段芯片组和其他支持技术,用户链路采用 Ku 频段,馈线链路采用 Ka 频段,有利于更好地实现覆盖。

A. 亚洲蜂窝卫星系统(ACeS)　　　　　B. 铱星系统(Iridium)

C. 全球星系统(Globalstar)　　　　　D. 星链(Starlink)星座

5. STK 仿真软件通过设置不同的参数可以仿真卫星移动通信系统中的卫星,(　　)不同的卫星可能在同一轨道上。

A. 轨道高度　　　　　　　　　　　　B. 轨道倾角

C. 近地点幅角　　　　　　　　　　　D. 真近点角

三、判断题

1. 卫星移动通信通过移动通信卫星只能实现卫星移动用户间的相互通信,无法实现卫星移动用户与固定用户间或者卫星移动用户与地面蜂窝移动用户间的相互通信。　　　　　　　　　　　　　　　　　　　　　　　(　　)

2. 卫星移动通信中由于移动用户的运动,当移动终端与卫星转发器间的链路受到阻挡时,会产生"阴影"效应,造成通信中断,可以通过接入其他共视的卫星实现通信保障。　　　　　　　　　　　　　　　　　　　　　　　(　　)

3. 卫星移动通信系统可以为覆盖范围的多个用户提供移动通信保障,但是用户只能是移动终端。　　　　　　　　　　　　　　　　　　　　　　　(　　)

4. 我国建设了以"天通一号 01 星""天通一号 02 星""天通一号 03 星"为代表的地球静止轨道卫星移动通信系统,为解决个人移动通信、小型终端高速数据传输等提供了有效手段,大大提高了我国卫星移动通信能力。　　　　　(　　)

5. 全球星系统作为典型的中轨道卫星移动通信系统,在全球(除南北两极)范围内向用户提供无缝覆盖的语音、传真、数据、短信息、定位等卫星移动通信业务。

(　　)

四、简答题

1. 什么是卫星移动通信?

2. 卫星移动通信系统组成有哪些? 主要包括什么?

3. 卫星移动通信有哪些特点?

4. 简要阐述铱星系统的星座参数。

5. 利用 STK 仿真软件快速仿真卫星星座时需要设置哪些参数?

五、计算题

1. 全球星系统是典型的低轨道卫星移动通信系统,轨道高度约为 1 414 km,假设地球站天线最小仰角为 20°,计算单颗全球星能够为地球站提供的可通信时间有多长?

2. 奥德赛系统中卫星的轨道高度约为 10 354 km,卫星和地球站工作在 Ka 频段,试计算卫星与地球站间的自由空间传播损耗。

3. 铱星系统的卫星在高度约 780 km 的轨道上运行,卫星与地球站工作在 Ka 频段,假设接收机位于轨道平面内,如图 8 - 7 所示。试计算卫星接收到信号的多普勒频移有多大?

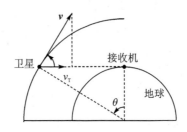

图 8 - 7　卫星与地球站间多普勒计算示意图

参考答案

第1章　概述答案

一、填空题

1. 中继站

2. 东方红二号

3. Ka

4. 广播卫星

5. 转发器饱和通量密度

二、选择题

1. D

2. B

3. D

4. A

5. C

三、判断题

1. ×

2. √

3. ×

4. √

5. √

四、简答题

1. 卫星通信的优点：

(1) 通信距离远,且费用与通信距离无关。

(2) 覆盖面积大,可进行多址通信。

(3) 通信频带宽,传输容量大,适于多种业务传输。

(4) 通信线路稳定可靠,通信质量高。

(5) 通信线路灵活,机动性好。

2. 卫星通信系统主要由通信卫星(空间段)、地球站、跟踪遥测及指令分系统和监控管理分系统四部分组成。

3. 为了满足卫星通信的要求,工作频段的选择要遵循以下原则:

(1) 选择的电磁波工作频率应能使它穿过电离层。

(2) 传播损耗及其他损耗和外界附加噪声应尽可能小。

(3) 可供使用的带宽要大,以便尽量增大通信容量。

(4) 能够合理地使用无线电频谱,与其他地面通信系统之间的相互干扰要尽量小。

(5) 能充分利用现有技术设备,便于与现有通信设备配合使用。

卫星通信常用的工作频段有 L、C、Ku、Ka 等频段。

4. 每年在春分和秋分前后,卫星、地球和太阳会共处在一条直线上。当卫星处于太阳和地球之间时,地球站天线对准卫星的同时也就对准了太阳,强大的太阳噪声进入地球站将造成通信中断,这种现象称为日凌中断。

5. 卫星通信涉及很多参数,主要参数有有效全向辐射功率(EIRP)、接收系统品质因数(G/T)、噪声功率(N)、转发器饱和通量密度(W_s)、载噪比(C/N)等。

第 2 章　卫星轨道答案

一、填空题

1. 偏心率 e、大、0

2. 半长轴与半焦距

3. 升交点、近地点

4. 半长轴 a

5. 回归、星下点轨迹

6. 范·艾伦辐射带、低轨道（LEO）

7. 6 307 s、13.7、2 933

8. Inclination（轨道倾角）、Altitude（轨道高度）、RAAN（升交点赤经）

二、选择题

1. C

2. A

3. AD

4. A

5. D

6. B

7. D

三、判断题

1. √

2. ×

3. √

4. ×

5. √

6. ×

7. √

四、简答题

1. 开普勒定律：

开普勒第一定律（椭圆定律）：卫星以地心为一个焦点做椭圆运动。

开普勒第二定律（面积定律）：卫星在轨道上运行时，卫星与地心的连线在相同时间内扫过的面积相等。

开普勒第三定律（调和定律）：卫星环绕地球运行周期的平方与轨道半长轴

的三次方成正比。

卫星的运行速度与开普勒第二定律有关,卫星在椭圆轨道上的运行速度是不均匀的。卫星运动的速度在近地点最大、在远地点最小。

2. 卫星轨道参数:

轨道大小与形状参数:半长轴、偏心率。

轨道空间位置参数:轨道倾角、升交点赤经、近地点幅角。

卫星空间位置参数:真近点角。

3. 卫星星下点轨迹的特点:

(1) 星下点轨迹一般自东向西排列(特殊情况除外)。

(2) 圆轨道卫星相邻星下点轨迹的间隔与轨道高度有关。

(3) 回归/准回归轨道的卫星会产生重复星下点轨迹。

(4) 地球同步轨道卫星的星下点轨迹是一个封闭的"8"字形。

4. STK 仿真中轨道大小与形状可以通过以下参数确定:

(1) 半长轴(Semimajor Axis)和偏心率(Eccentricity)。

(2) 远地点半径(Apogee Radius)和近地点半径(Perigee Radius)。

(3) 远地点高度(Apogee Altitude)和近地点高度(Perigee Altitude)。

(4) 周期(Period)和偏心率(Eccentricity)。

(5) 每日轨道圈数(Mean Motion)和偏心率(Eccentricity)。

5. 按照轨道形状分类,"闪电"卫星是椭圆轨道卫星。

按照轨道倾角分类,"闪电"卫星是倾斜轨道卫星。

按照轨道高度分类,"闪电"卫星是高椭圆轨道卫星。

按照回归周期分类,"闪电"卫星是回归轨道卫星。

五、计算题

1. 解:假设地球半径为 6 378 km,远地点高度

$$h_{max} = a + c - r_E = 350 \text{ km}$$

近地点长度

$$h_{min} = a - c - r_E = 200 \text{ km}$$

由此得到轨道半长轴 $a = 6 653$ km。

由开普勒第三定律,知运行周期

$$T = 2\pi \sqrt{\frac{a^3}{\mu}} \approx 2 \times 3.141\ 59 \times \sqrt{\frac{6\ 653^3}{3.986\ 013 \times 10^5}} \text{ s} \approx 5\ 400.5 \text{ s}$$

因此,变轨前"神舟五号"飞船的运行周期约为 5 400.5 s。

变轨后飞船进入轨道高度约为 343 km 的圆轨道,运行周期

$$T = 2\pi \sqrt{\frac{(h + T_E)^3}{\mu}} \approx 2 \times 3.141\ 59 \times \sqrt{\frac{(343 + 6\ 378)^3}{3.986\ 013 \times 10^5}} \text{ s} \approx 5\ 483.5 \text{ s}$$

变轨后"神舟五号"飞船的运行周期约为 5 483.5 s。

2. 解：假设地球半径为 6 378 km，圆轨道卫星的运行周期为

$$T = 2\pi\sqrt{\frac{(h + r_E)^3}{\mu}} \approx 2 \times 3.141\,59 \times \sqrt{\frac{(1\,450 + 6\,378)^3}{3.986\,013 \times 10^5}}\ \text{s} \approx 6\,892.7\ \text{s}$$

一个恒星日约为 86 164 s。因此，卫星每个恒星日绕地球的圈数

$$P = \frac{1\ \text{恒星日}}{T} = \frac{86\,164\ \text{s}}{6\,892.7\ \text{s}} \approx 12.5\ \text{圈}$$

3. 解：假设地球半径为 6 378 km，远地点半径

$$r_{max} = a + c = h_{max} + r_E = 2\,368\ \text{km} + 6\,378\ \text{km}$$

近地点半径

$$r_{min} = a - c = h_{min} + r_E = 441\ \text{km} + 6\,378\ \text{km}$$

由此得到轨道半长轴 $a = 7\,782.5$ km。

由开普勒第二定律可知，卫星在远地点时运行速度最慢，在近地点时运行速度最快。因此，"东方红一号"卫星的最大运行速度是它在近地点时的速度，即

$$v_{max} = \sqrt{\mu\left(\frac{2}{r_{min}} - \frac{1}{a}\right)}$$

$$\approx \sqrt{3.986 \times 10^5 \times \left(\frac{2}{6\,819} - \frac{1}{7\,782.5}\right)} \approx 8.1\ \text{km/s}$$

"东方红一号"卫星的最小运行速度是它在远地点时的速度，即

$$v_{min} = \sqrt{\mu\left(\frac{2}{r_{max}} - \frac{1}{a}\right)}$$

$$= \sqrt{3.986 \times 10^5 \times \left(\frac{2}{8\,746} - \frac{1}{7\,782.5}\right)} \approx 6.3\ \text{km/s}$$

第 3 章 地球站答案

一、填空题

1. 星形、主站

2. 变频器

3. 偏馈天线

4. 信道终端设备、调制解调器

5. Latitude(纬度)、Longitude(经度)、Altitude(高度)

二、选择题

1. C

2. B

3. A

4. D

5. C

三、判断题

1. √

2. √

3. √

4. ×

5. √

6. ×

四、简答题

1. 按安装方式,地球站可分为固定地球站、移动地球站和可搬运地球站。

固定地球站是指建成后站址不变的地球站。

移动地球站是指在移动中通过卫星完成通信的地球站,站址能移动,如车载站、船载站、机载站等。

可搬运地球站是指在短时间内能拆卸转移,强调地球站的便携性,能够快速启动卫星通信的地球站。

2. 地球站天线分系统主要包括天线、馈源及天线伺服跟踪系统等。

主要作用:将发射机送来的射频信号变成定向辐射的电磁波,经天线向卫星方向辐射;同时,将卫星发来的微弱电磁波能量有效地转换成高频功率信号,送往接收机。

3. 地球站信号传输过程:

　　用户产生的信号经过编码器、复接器等,调制器将基带信号变换成中频信号,上变频器将中频信号变换成适合卫星线路传输的射频信号,射频信号经高功率放大器放大后,由馈源传送到天线,经天线向卫星发射。

　　卫星接收到地球站发射的信号后,将它放大、变频或处理后再转发,地球站接收到的卫星转发的微弱信号经过馈源到低噪声放大器。低噪声放大器将射频信号放大后,信号经下变频器变换为中频信号,解调器将信号变换为基带信号,信号再经过分接器到达用户。

　　4. 发射分系统的核心设备包括上变频器和高功率放大器。

　　高功率放大器的作用是在保证信号失真度的条件下,将待发送的一个或多个信号的功率放大到期望值。

　　上变频器的作用是将频率较低的中频信号变换到频率较高的射频信号。

　　5. 卫星通信地球站站址的选择需要综合考虑多种因素,如地球站类型、传输的业务类型、地理环境、电磁环境、气象环境、运行保障等。

五、计算题

　　1. 解:由天线增益的计算公式

$$G = \left(\frac{4\pi}{\lambda^2}\right) A_{\text{eff}} = \left(\frac{4\pi}{\lambda^2}\right) A\eta = \left(\frac{\pi D f}{c}\right)^2 \eta$$

可得

$$D = \sqrt{\frac{G}{\eta}} \frac{c}{\pi f} \approx \sqrt{\frac{10^{4.89}}{0.55}} \times \frac{3 \times 10^8}{3.14 \times 12 \times 10^9} \approx 3 \text{ m}$$

故该天线口径约 3 m。

　　2. 解:由仿真参数设置界面可以得到地球站的工作频率为 30.2 GHz,天线口径为14 m,天线效率为50%。将这些参数代入天线增益计算公式

$$G = \left(\frac{\pi D f}{c}\right)^2 \eta$$

$$G = \left(\frac{\pi \times 14 \times 30.2 \times 10^9}{3 \times 10^8}\right)^2 \times 0.5 \approx 9\ 801\ 588$$

可得

$$[G] \approx 69.9 \text{ dB}$$

故地球站天线增益约 69.9 dB。

第 4 章　通信卫星答案

一、填空题

1. 卫星天线、转发器

2. 透明转发器、处理转发器、数字信道化转发器

3. 噪声系数、转发器灵敏度

4. 物理组成、测控

5. 宽带全球卫星通信系统（Wideband Global Satcom，WGS）

6. Coverage...

二、选择题

1. ABCD

2. B

3. ABCD

4. C

5. C

三、判断题

1. √

2. ×

3. √

4. √

5. ×

6. ×

7. ×

四、简答题

1. 按照轨道高度的不同，通信卫星可分为地球静止轨道通信卫星、大椭圆轨道通信卫星、中轨道通信卫星和低轨道通信卫星。

2. 卫星天线的特点：

（1）类型多。卫星天线包括反射面天线、多波束天线、大型可展开天线等多种类型。

（2）增益高、定向性强。由于卫星通信传输链路长，衰减严重，因此为保证通信的稳定性，通信卫星天线一般采用定向的微波天线，卫星天线的增益较高。

（3）适应性强。卫星天线需要具有良好的空间环境适用性。

（4）数量多。由于通信卫星通常使用多种频率进行星地、星间通信，因此通

信卫星上往往包含多副天线。

3. 再生式转发器的工作原理如图 1 所示。

图 1　再生式转发器的工作原理

先将射频信号变换为中频信号后对已调制的信号进行解调,得到数字比特流;再将解调的信号重新调制,上变频为射频信号后放大发射。

4. 卫星平台可分为测控、供配电、控制、推进、热控、结构等分系统。

(1) 测控分系统主要负责遥测、遥控信号在卫星与地球站之间的传输,以及地面测控网对卫星的跟踪、测轨和定轨。

(2) 控制分系统主要完成卫星从星箭分离开始到在轨运行直至寿命末期各任务阶段的姿态控制和轨道控制。

(3) 热控分系统的任务是确保星上所有仪器、设备以及星体本身构件的温度都处在要求的范围之内。

5. 美军已建成"宽带、窄带、受保护、中继"四位一体的军事通信卫星体系。

(1) 宽带通信卫星主要用于战略战术通信,能够提供高速大容量干线通信、节点通信和高速用户接入等通信服务。宽带全球卫星通信系统(WGS)是典型的宽带卫星通信系统。

(2) 窄带通信卫星主要解决相对低速率的军事通信需求,提供话音、传真、低速数据及短消息等业务,主要为战术级单位或重要方向作战单位提供移动通信服务。移动用户目标系统(MUOS)是典型的窄带卫星通信系统。

(3) 抗干扰通信卫星主要用于满足干扰条件下的通信需求,保障战略战术核心任务指令的顺利下达,具有良好的抗干扰性、隐蔽性与抗核生存性,对于保证核战争环境下的指挥控制与通信至关重要。先进极高频(AEHF)卫星系统是典型的抗干扰卫星通信系统。

(4) 跟踪与数据中继卫星主要用于为中低轨航天器提供数据中继和跟踪测控等服务。卫星数据系统(SDS)是典型的中继卫星通信系统。

五、计算题

1. 解:转发器灵敏度的计算公式为 $S = -174 + NF + SNR + 10\lg B$,由题意可知,

$$B = 1 \times 10^5 \ Hz, \quad NF = 2 \ dB, \quad SNR = 5 \ dB$$

则

$$S = -174 + 2 + 5 + 10\lg(1 \times 10^5)$$
$$= -174 + 2 + 5 + 50 = -117 \text{ dBm}$$

2. 解：输入端总噪声温度

$$T_e = T_{LNA} + \frac{T_{接收机}}{G_{LNA}}$$

12 dB 对应的真值为 15.85，故

$$T_{接收机} = (15.85 - 1) \times 290 \text{ K} = 4\,306 \text{ K}$$

40 dB 的增益对应真值为 10^4，故

$$T_e = 120 \text{ K} + \frac{4\,306}{10^4} \text{ K} = 120.43 \text{ K}$$

3. 解：(1) 噪声系统 $NF = 10^{\frac{6}{10}} \approx 3.98$。

(2) 等效噪声温度

$$T_e = (NF - 1)T_0$$

T_0 为环境噪声温度，一般取值为 290 K。因此

$$T_e = (3.98 - 1) \times 290 \text{ K} = 864.2 \text{ K}$$

4. 解：两个放大器级联，如图 2 所示。

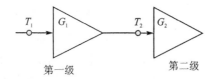

图 2　两个放大器级联

(1) 总增益为增益之和，即 $G = G_1 + G_2 = 10 + 10 = 20$。

(2) 等效噪声温度

$$T_e = T_{e_1} + \frac{T_{e_1}}{G_1} = 200 \text{ K} + \frac{200}{10} \text{ K} = 220 \text{ K}$$

第5章 卫星链路答案

一、填空题

1. 表面波、卫星通信

2. 星间链路

3. 最大半地心角、仰角、方位角

4. 传输距离 d、工作频率 f（或工作波长）、越大、越大

5. "电离层闪烁"

6. Chian（链路）

二、选择题

1. A

2. A

3. B

4. ABCD

5. D

三、判断题

1. √

2. ×

3. ×

4. √

5. ×

四、简答题

1. 空间波传播是指无线电波从发射天线直接传播到接收天线,其传播距离与发射天线的高度成正比。如果要扩大传播距离,就必须增加天线的高度。对于空间波传播,为了使无线电波能够发射到更远的地方,一般在中途都设有中继站,有利于无线电波远距离传播。

空间波传播主要用于地面微波中继站、电视广播、调频广播、地面与空中飞机通信、卫星通信或雷达探测等方面。

2. 星地链路分为上行链路和下行链路,地球站到卫星之间的链路称为上行链路,而卫星到地球站之间的链路称为下行链路。

星地链路的电波传播特性由自由空间传播特性和近地大气层的各种影响所决定,主要采用微波链路。

3. 卫星与地球站之间的相对运动会产生多普勒效应,通信时多普勒效应引起的附加频移称为多普勒频移（Doppler Shift）。

多普勒频移与工作频率、卫星与地球站的相对运动速度有关,可以表示为

$$\Delta f = \frac{f v_{\mathrm{T}}}{c}$$

其中,Δf 表示多普勒频移;f 为工作频率;v_{T} 为卫星与地球站的相对运动速度;c 为光速。

可以看出,收、发两端靠近时,卫星和地球站越来越近,$v_{\mathrm{T}} > 0$,多普勒频移为正值;收、发两端远离时,卫星和地球站越来越远,$v_{\mathrm{T}} < 0$,多普勒频移为负值。

4. 雨衰指的是电磁波在雨中传播时由于雨滴吸收和散射信号的能量而产生的衰减。

雨衰随频率的增大而增大。当卫星信号的频率达到 10 GHz 以上时,雨衰成为主要的衰减方式。当电磁波的波长远大于雨滴的直径时,衰减主要由雨滴的吸收引起;当电磁波的波长变小或雨滴的直径增大时,散射衰减的作用就增大。

雨衰的大小与雨量和电磁波传播时穿过雨区的有效距离有关。

5. 天线噪声主要包括:

(1) 天线固有的电阻性损耗引起的噪声。

(2) 宇宙噪声。

(3) 太阳噪声。

(4) 大气噪声和降雨噪声。

五、计算题

1. 解:总的链路损耗应该是所有损耗之和

$$[L] = [L_{\mathrm{f}}] + [L_{\mathrm{FRS}}] + [L_{\mathrm{a}}] + [L_{\mathrm{r}}]$$
$$= 207 \text{ dB} + 1.6 \text{ dB} + 0.4 \text{ dB} + 0.6 \text{ dB} = 209.6 \text{ dB}$$

其中,$[L_{\mathrm{f}}]$ 为自由空间传播损耗;$[L_{\mathrm{FRS}}]$ 为接收机馈线损耗;$[L_{\mathrm{a}}]$ 为大气损耗;$[L_{\mathrm{r}}]$ 为天线指向损耗。

2. 解:上行链路载噪比为

$$\left[\frac{C}{N}\right]_{\mathrm{U}} = [\mathrm{EIRP}]_{\mathrm{E}} - [L_{\mathrm{U}}] - [L_{\mathrm{FRS}}] - [L_{\mathrm{a}}] - 10\lg(kB_{\mathrm{S}}) + \left[\frac{G_{\mathrm{R_S}}}{T_{\mathrm{S}}}\right]$$

则载波功率与噪声功率谱密度之比为

$$\left[\frac{C}{n_0}\right]_{\mathrm{U}} = [\mathrm{EIRP}]_{\mathrm{E}} - [L_{\mathrm{U}}] - [L_{\mathrm{FRS}}] - [L_{\mathrm{a}}] - 10\lg k + \left[\frac{G_{\mathrm{R_S}}}{T_{\mathrm{S}}}\right]$$

表示这些数据的最好方法是采用表格,为了计算方便,每个数据都用十进制对数表示,见表 1 所列。

表 1　各项参数的十进制对数

参　数	十进制对数
$[EIRP]_E$	45.63 dBW
$-[L_U]$	-207 dB
$-[L_{FRS}]$	-1 dB
$-[L_a]$	-0.4 dB
$-10\lg k$	228.6
$\left[\dfrac{G_{R_S}}{T_S}\right]$	-7.5 dB/K

因此，$\left[\dfrac{C}{n_0}\right]$ 为 58.33 dB。

3. 解：因 $\left[\dfrac{C}{N}\right]_D = [EIRP]_S - [L_D] - 10\lg(kB_E) + \left[\dfrac{G_{R_E}}{T_E}\right]$，故

$$[EIRP]_S = \left[\frac{C}{N}\right]_D + [L_D] + 10\lg k + 10\lg B_E - \left[\frac{G_{R_E}}{T_E}\right]$$

各项参数的十进制对数见表 2 所列。

表 2　各项参数的十进制对数

参　数	十进制对数
$\left[\dfrac{C}{N}\right]_D$	20 dB
$[L_D]$	210 dB
$10\lg B_E$	75.6
$10\lg k$	-228.6
$-\left[\dfrac{G_{R_E}}{T_E}\right]$	-35 dB/K

因此，卫星转发器的有效全向辐射功率为 42 dBW。

4. 解：(1) 由题意可知，滚降系数 $\alpha = 0.2$，采用 QPSK 调制，根据

$$B = R_s(1+\alpha) = \frac{R_b}{\log_2 M}(1+\alpha)$$

可得

$$R_b = \frac{B\log_2 M}{1+\alpha}$$

$$= \frac{36 \times 10^6 \times 2}{1+0.2} = 6 \times 10^7 \text{ bit/s}$$

(2) 要求 BER 为 10^{-5}，对应的数字信噪比为 9.6 dB，即

$$\left[\frac{E_b}{n_0}\right] = 9.6 \text{ dB}$$

将 R_b 转换为十进制对数,则

$$[R_b] = 10\lg R_b \approx 77.8 \text{ dB}$$

由于 $\left[\dfrac{C}{n_0}\right] = \left[\dfrac{E_b}{n_0}\right] + [R_b]$,且 $\left[\dfrac{C}{n_0}\right] = [\text{EIRP}] - [L] - 10\lg k + \left[\dfrac{G}{T}\right]$,则

$$[\text{EIRP}] = \left[\frac{E_b}{n_0}\right] + [R_b] + [L] + 10\lg k - \left[\frac{G}{T}\right]$$

依然采用列表格的形式求解,各项参数的十进制对数见表 3 所列。

表 3　各项参数的十进制对数

参　数	十进制对数
$\left[\dfrac{E_b}{n_0}\right]$	9.6 dB
$[R_b]$	77.8 dB
$[L]$	200 dB
$10\lg k$	−228.6
$-\left[\dfrac{G}{T}\right]$	−32 dB/K

因此,卫星转发器的有效全向辐射功率为 26.8 dBw。

5. 解:因为 $\left[\dfrac{C}{n_0}\right]^{-1} = \left[\dfrac{C}{n_0}\right]_U^{-1} + \left[\dfrac{C}{n_0}\right]_D^{-1}$ 所以

$$\left[\frac{C}{n_0}\right]^{-1} = 10^{-10} + 10^{-8.7} \approx 2.095 \times 10^{-9}$$

因此

$$\left[\frac{C}{n_0}\right] = -10\lg(2.095 \times 10^{-9}) \approx 86.79 \text{ dBHz}$$

即总的 $\left[\dfrac{C}{n_0}\right]$ 为 86.79 dBHz。

第6章 卫星通信体制答案

一、填空题

1. 自动请求重发(ARQ)、前向纠错(FEC)

2. 5、2

3. 2

4. 剩余度(或冗余度)、可靠性

5. 多址、空分多址

6. 频分多址

7. 多路单载波(MCPC)

8. 星上交换-时分多址(SS-TDMA)方式

9. 相位模糊

10. 有较强幅度衰落的移动通信

二、选择题

1. ABCD

2. ABCD

3. ABC

4. ABC

5. A

6. C

7. D

8. ABC

三、判断题

1. ×

2. ×

3. √

4. √

5. ×

6. √

7. ×

8. √

9. ×

10. √

四、简答题

1. 常用的差错控制方式有 3 种。

自动请求重发（ARQ）：发送端发射带有检错能力的码字，接收端对接收到的码字检错，若没有检测出错误，则接收端接收该码字并同时给发射端回馈确认信号，发射端接收到确认信号后继续发送数据；若检测出错误，则接收端反馈错误数据确认信号，发射端接收该信号后，重发错误数据包，直到接收正确为止。

前向纠错（FEC）：发送端发射带有纠错能力的码字，接收端对接收到的码字纠错、接收，没有反馈信道。

混合纠错（HEC）：发送端发射带有检错和纠错能力的码字，接收端对接收到的码字纠错、检错，若纠错后仍有错误，则接收端反馈错误数据确认信号，发射端接收该信号后，重发错误数据包；若纠错后没有错误，则接收端接收该码字并同时给发射端回馈确认信号，发射端接收到确认信号后继续发送数据。

2. 证明：首先证明生成多项式的倍式都是码字多项式。生成多项式的倍式 $v(x)=u(x)g(x)$，$v(x)$ 是 $g(x)$ 的线性组合，故 $v(x)$ 是码字多项式。

假设码字多项式 $v(x)$ 不是生成多项式 $g(x)$ 的倍式，则 $v(x)$ 可以表示为

$$v(x)=u(x)g(x)+b(x)$$

其中，$b(x)$ 不等于 0，变换得到

$$b(x)=v(x)-u(x)g(x) \tag{1}$$

式（1）等号右边是码字多项式，因而 $b(x)$ 是码字多项式，而 $b(x)$ 的次数小于 $g(x)$，与 $g(x)$ 是循环码中最低次数的非零码字多项式矛盾。命题得证。

3. 证明：设线性分组码 C 的最小码距为 $d_{\min}$，最小码重为 $w_{\min}$，则根据定义，有

$$\begin{aligned}
d_{\min} &= \min d(v_i, v_j) \quad (v_i, v_j \in C, i \neq j) \\
&= \min d(0, v_i + v_j) \quad (v_i, v_j \in C, i \neq j) \\
&= \min w(v) \quad (v \in C, v \neq 0) \\
&= w_{\min}
\end{aligned}$$

4. 系统码的形式：

$$码字 = 信息位 + 校验位$$

信息位一般是已知的，因此重要的是求校验位。

在系统码中信息位移动 $n-k$ 位，即 $x^{n-k}m(x)$，则码字多项式可以表示为

$$C(x) = x^{n-k}m(x) + r(x)$$

同时 C 也可以用生成多项式表示，即

$$C(x) = q(x)g(x)$$

则
$$C(x) = q(x)g(x) = x^{n-k}m(x) + r(x)$$

$$x^{n-k}m(x) = q(x)g(x) + r(x) \tag{2}$$

表达式(2)等价于

$$r(x) = x^{n-k}m(x) \bmod g(x) \tag{3}$$

式(3)即为校验位的计算公式。

5. 证明:若 H 中任意 m 列线性无关,但存在 $m+1$ 列线性相关,将能使 H 中某些 $m+1$ 列线性相关的列的系数,作为码字中对应的非零分量,而码字其余分量均为 0,则该码字至少有 $m+1$ 个非零分量,故该码字最小码距 $d_{\min} = m+1$。

6. 一般来说,基于卫星通信是功率受限和频率受限系统,在选择调制方式时遵循如下原则:

(1) 尽量不选择幅度调制,幅度调制相较于相位调制和频率调制,抗干扰性能较差,而卫星通信信道存在非线性和幅/相转换效应。

(2) 选择频率效率高并且抗衰落和抗干扰性能好的调制方式。

(3) 采用旁瓣功率低的调制方式,以减少临近信道干扰。

7. OQPSK 全称是偏置正交相移键控,是基于 QPSK 形成的。QPSK 的最大相邻码元相位跳变为 π。这意味着调制信号包络存在过零点现象,信号包络起伏较大,经卫星信道的非线性及 AM/PM 效应影响,引入相位噪声,严重时影响系统通信质量。在系统设计时,应尽可能控制信号包络起伏。对于相位调制,控制包络起伏主要是控制相邻码符号相位的跃变大小,但码元符号是随机出现的,很难对它直接控制。OQPSK 在 QPSK 调制基础上,将调制信号正交分量的两个码元在时间上错开半个符号周期,这样相邻调制符号最多仅有 1 位不同,最大相位差为 $\dfrac{\pi}{2}$,从而达到降低包络起伏的目标。

8. 信道资源在不同的多址技术中的含义有所不同。在频分多址中信道资源是指各用户终端占用的转发器频段;在时分多址中信道资源是指各用户终端占用的时隙;在码分多址中信道资源是指各用户终端占用的码型;在空分多址中信道资源是指各用户终端占用的波束。

9. 常用的信道资源分配方式有预分配方式、按需分配方式以及随机分配方式三种。

第一种是预分配方式。采用预分配方式,将信道资源事先分配给各用户终端。分配原则是业务量大的终端,分配的信道资源多;业务量小的终端,分配的信道资源少。各用户终端只能使用分配给它们的这些特定信道与有关地球站通信,其他地球站不能占用这些信道。采用这种预分配方式的优点:信道是专用的,实施连接比较简单,建立通信快,基本上不需要控制设备。它的缺点也比较明显:使用不灵活,信道不能相互调剂,在业务量较少时信道利用率低。所以,它比较适合大容量系统。

第二种是按需分配方式。按需分配方式是一种分配可变的制度,用户根据传输信息的需要申请信道资源,在通信结束后,释放信道资源。这种信道资源分配方式比较灵活,信道资源可以在不同用户之间调剂使用,因此可以支持较多的用户,系统容量大。它比较适合业务量小、但终端用户量比较多的卫星通信网。由于信道资源在不同的终端间调剂切换,因此控制设备比较复杂,并且需要单独的控制信道为各终端申请信道资源服务。

第三种是随机分配方式。它是指通信中各种终端随机地占用卫星信道的一种多址分配制度。这种分配方式常用于数据交换业务。数据通信具有不连续性,通信过程是随机的,如果仍然采用预分配或者按需分配的方式,则信道利用率较低。用户终端采用随机占用信道的方式会大大提高信道利用率。但这里会存在不同终端争用信道的问题,因此需要采用措施避免不同终端争用信道而引起的"碰撞"。

10. 频分多址具有以下优点:

(1) 实现简单,技术成熟,成本较低。

(2) 系统工作时不需要网络定时,性能可靠。

(3) 对每个载波采用的基带信号类型、调制方式、编码方式等没有限制。

(4) 大容量线路工作时效率较高。

但是,频分多址也存在一些缺点:

(1) 转发器要同时放大多个载波,容易形成多个交调干扰,为了减少交调干扰,转发器要降低输出功率,从而降低了卫星通信的有效容量。

(2) 当各站的发射功率不一致时,会发生强信号抑制弱信号的现象,为使大、小载波兼容,转发器功放需要有适当的功率回退(补偿),对载波需做适当排列等。

(3) 需要设置保护带宽,从而确保信号被完全分离开,造成频带利用率下降。

(4) 灵活性小,要重新分配频率比较困难。

五、计算题

1. 解:(1) $n=6, k=2, R=k/n=1/3$。

(2) $G = \begin{bmatrix} 1 & 0 & 1 & 1 & 0 & 1 \\ 0 & 1 & 1 & 1 & 1 & 0 \end{bmatrix}$。

(3) $d_0=4, t=1, e=3$。

(4) 判断传输过程是否有错依赖于 RH^T 是否为 0。若结果为 0,则判断传输过程无错;若结果不为 0,则判断传输过程有错。

$\begin{bmatrix} 1 & 1 & 1 & 0 & 1 & 1 \end{bmatrix} H^T = \begin{bmatrix} 1 & 0 & 0 & 0 \end{bmatrix}$,不为 0,故接收有错。

2. 解：系统码形式的 $G=[1000011 \quad 0100101 \quad 0010111 \quad 0001110]$，对应

的校验矩阵 $H=\begin{bmatrix} 0 & 1 & 1 & 1 & 1 & 0 & 0 \\ 1 & 0 & 1 & 1 & 0 & 1 & 0 \\ 1 & 1 & 1 & 0 & 0 & 0 & 1 \end{bmatrix}$。

3. 解：(1)因为矩阵 H 已知，是 3×6 阶矩阵（$r\times n$ 阶），所以 $n=6,r=3$，$k=3$，此分组码为 $(6,3)$ 分组码。码字共有 $2^k=8$ 个。

(2) 设码字 $C=(c_5 c_4 c_3 c_2 c_1 c_0)$，有

$$HC^T=0^T$$

故

$$\begin{cases} c_5+c_2+c_0=0 \\ c_4+c_1+c_0=0 \\ c_3+c_2+c_1+c_0=0 \end{cases}$$

得

$$\begin{cases} c_5=c_0+c_2 \\ c_4=c_0+c_1 \\ c_3=c_0+c_1+c_2 \end{cases}$$

所以 c_0,c_1,c_2 为信息位。设 $c_0=m_0,c_1=m_1,c_2=m_2$，信息位 $m=(m_2 m_1 m_0)$，故生成矩阵

$$G=\begin{bmatrix} 1 & 0 & 1 & 1 & 0 & 0 \\ 0 & 1 & 1 & 0 & 1 & 0 \\ 1 & 1 & 1 & 0 & 0 & 1 \end{bmatrix}$$

(3) 此 $(6,3)$ 分组码的所有许用码字是

000000　101100　011010　111001

001111　110110　100011　010101

可见矢量 101010 不是码字。

(4) 因为

$$S^T=HR^T$$

故 $$S^T=\begin{bmatrix} 1 & 0 & 0 & 1 & 0 & 1 \\ 0 & 1 & 0 & 0 & 1 & 1 \\ 0 & 0 & 1 & 1 & 1 & 1 \end{bmatrix}\begin{bmatrix} 0 \\ 0 \\ 0 \\ 0 \\ 1 \\ 0 \end{bmatrix}=\begin{bmatrix} 0 \\ 1 \\ 1 \end{bmatrix}$$

伴随式 S^T 正好是矩阵 H 的第 5 列。根据伴随式 S^T 就可判断码字中 C_1 发生了

错误,则 $E' = (000010)$。但实际错误图样 E 为

$$C + E = R$$

$$E = R - C = (000010) - (001111) = (001101)$$

是码字传送中发生了三位码元错误。因为此 $(6,3)$ 分组码的 $d_{min} = 3$,所以由 $d_{min} = 2t + 1$,得 $t = 1$。根据 $(6,3)$ 分组码伴随式所判断的错误能纠正一位码元发生错误的错误图样。若此 $(6,3)$ 分组码用于检测错误,也只能检测出二位码元发生错误。因此,当传输过程中码字发生了三位以上码元的错误的也就无法检测出来了。

4. 解:(1) $G = \begin{bmatrix} 1 & 0 & 1 & 1 & 1 & 0 & 0 \\ 0 & 1 & 0 & 1 & 1 & 1 & 0 \\ 0 & 0 & 1 & 0 & 1 & 1 & 1 \end{bmatrix}$ 或 $G = \begin{bmatrix} 1 & 0 & 0 & 1 & 0 & 1 & 1 \\ 0 & 1 & 0 & 1 & 1 & 1 & 0 \\ 0 & 0 & 1 & 0 & 1 & 1 & 1 \end{bmatrix}$。

(2) $C = MG = 1011100$ 或 1001011。

(3) 两种方式:

① 由生成多项式 $g(x) = x^4 + x^2 + x + 1$ 计算出再对其作行变换,得到系统生成矩阵

$$G = \begin{bmatrix} 1 & 0 & 0 & 1 & 0 & 1 & 1 \\ 0 & 1 & 0 & 1 & 1 & 1 & 0 \\ 0 & 0 & 1 & 0 & 1 & 1 & 1 \end{bmatrix}$$

② $c(x) = x^{n-k}m(x) + r(x)$,即 $r(x) = x^{n-k}m(x) \bmod (g(x))$。

5. 解:(1) 状态图如图 3 所示。

(2) 篱笆图如图 4 所示。

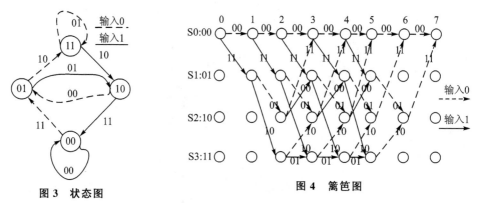

图 3 状态图

图 4 篱笆图

已知消息序列 $u = (110011000)$,则编码输出为:

11 10 10 11 11 10 10 11 00

第7章　卫星激光通信答案

一、填空题

1. 瞄准、捕获和跟踪(Pointing Acquisition and Tracking,PAT)

2. 1 064 nm

3. 卡塞格伦型

4. 半导体检测器(光电二极管)

5. 粗瞄模块、精瞄模块

6. 螺旋扫描

7. 跟踪过程

二、选择题

1. C

2. B

3. B

4. B

5. A

6. C

三、判断题

1. √

2. ×

3. ×

4. √

5. ×

6. √

7. √

8. ×

9. ×

四、简答题

1. 在卫星通信中,使用激光与使用微波相比,具有以下优点:

(1) 激光频率高,便于获得更高的数据传输速率。

(2) 激光的方向性强,能大大增加接收端的信号能量密度,为减少系统的质量和功耗提供了条件。

(3) 激光的抗电磁干扰能力强。

（4）使用激光通信不需要申请无线信号频率使用许可。

由于卫星激光通信需要高精度的瞄准、捕获和跟踪技术完成建链，系统更为复杂，且卫星所处的空间环境要求光学器件具备更高的可靠性，因此这些都给实现卫星激光通信带来了一定的困难。

2. 卫星激光通信终端主要包括瞄准、捕获和跟踪子系统、光学天线子系统、通信子系统和接口子系统等部分。其中，瞄准、捕获和跟踪子系统主要包括瞄准跟踪机构和瞄准跟踪控制单元。瞄准跟踪机构包括电磁转镜、转台、轴承（轴系）、角编码器、驱动电机、支撑架等设备。瞄准跟踪控制单元主要包括粗瞄检测器、精瞄检测器和捕获跟踪控制电路。光学天线子系统主要包括光学主天线、粗捕获光路、精捕获光路和通信光路。

3. 卫星激光通信光学系统可以分为发射光学子系统和接收光学子系统。发射光学子系统主要由激光器、光调制器、精瞄镜及发射光学天线等组成；接收光学子系统主要由接收光学天线、光检测器、分光镜及滤光元件等组成。

4. 直接检测接收具有系统简单和易于集成等优点，但是只能支持基本的强度调制，且灵敏度不高。强度调制-直接检测系统（Intensity Modulation-Direct Detection，IM/DD）作为一种传统的激光通信体制，主要应用在早期的卫星激光通信系统中。

同直接检测接收相比，相干检测接收额外增加一套本振光路，技术实现复杂；但是，相干检测可以大幅提高接收灵敏度，引入严格的空间模式匹配，能够有效地抑制杂散光，而且光锁相环可补偿因卫星高速运动带来的多普勒频移，成为卫星激光通信的发展趋势。

5. 在卫星激光通信系统中，瞄准（pointing）是指控制激光通信终端的发射光束（或接收朝向）对准某一方向，主要涉及预瞄准和超前瞄准两方面；捕获（acquisition）是指激光通信终端在光路开环的状态下，通过扫描补偿不确定区域，实现光信号的准确、有效送达；跟踪（tracking）是指两个激光通信终端完成捕获后，为补偿相对运动、平台振动和其他干扰，保持两终端光束精确对准的过程。

第8章 卫星移动通信答案

一、填空题

1. 信关站

2. 亚洲蜂窝卫星系统（ACeS 系统）

3. "天通一号"卫星移动通信系统、S

4. 地球静止轨道、铱星系统（Iridium）

5. Ku、Ka

二、选择题

1. B

2. A

3. C

4. D

5. D

三、判断题

1. ×

2. √

3. ×

4. √

5. ×

四、简答题

1. 卫星移动通信是指通过人造地球卫星转接实现移动用户间或移动用户与固定用户间的相互通信。

2. 卫星移动通信系统一般包括空间段、地面段及用户段。

空间段一般由多颗卫星组成,这些卫星可以是地球静止轨道通信卫星、中轨道通信卫星或者低轨道通信卫星。空间段在用户与信关站之间起到中继作用。

地面段主要包括信关站（gateway）、卫星控制中心（satellite control center, SCC）、网络控制中心（network control center, NCC）等。

用户段主要由用户终端组成,包括移动终端及手持终端,可以是手持的、便携的、机载的、船载的、车载的等。

3. 卫星移动通信的特点有:

(1)为实现全球覆盖,卫星移动通信需要采用多种卫星系统。

(2)卫星移动通信覆盖区域及大小与卫星的轨道倾角、轨道高度以及卫星的数量有关,需要根据覆盖要求合理选择不同类型的卫星轨道。

(3)卫星移动通信用户多样,移动载体可以是飞行器、地面移动装备、海上移动载体和移动单兵等。

(4)卫星天线波束能够适应地面覆盖区域的变化保持指向,移动用户终端的天线波束能够随用户的移动而保持对卫星的指向,或者采用全方向性的天线波束。

(5)由于移动用户终端的有效全向辐射功率有限,因此卫星转发器及星上天线需要专门设计,并采用多点波束技术和大功率技术满足系统要求。

(6)由于移动用户的运动,当移动终端与卫星转发器间的链路受到阻挡时,会产生"阴影"效应,造成通信中断。卫星移动通信中,需要移动用户终端能够多星共视。

(7)移动终端的体积、功耗、质量需要进一步小型化,尤其是手持终端的要求更为严格。

(8)多颗卫星构成的卫星星座系统需要建立星间通信链路,采用星上处理、星上交换等技术,或者需要建立具有交换和处理能力的信关站。

4. 铱星系统的星座采用近极轨道,轨道倾角为 86.4°,卫星在 6 个圆轨道上运行,轨道面间隔 27°,轨道高度约为 780 km,每个轨道面上均匀分布 11 颗卫星及 1 颗备用星。

5. 利用 STK 仿真软件可以快速生成"Walker"星座。利用"种子"卫星,选择"Type"后,设置每个轨道上的卫星数目"Number of Sats per Plane"、卫星总数"Total Number of Stats"、轨道数"Number of Planes"、相对间隔"Inter Plane Spacing"等参数。

五、计算题

1. 解:从地球站进入卫星的覆盖范围开始,地球站与卫星之间可以通信,随着二者之间的相对运动,当地球站离开卫星的覆盖范围时,通信结束,这之间的时间就是卫星与地面之间的可通信时间。如图 5 所示,随着卫星在轨道上运行,地球站天线仰角从最小值增大到最大值、再减小到最小值,在这个过程中卫星与地球站实现连续通信。这期间卫星运行经过的地心角为 $2\alpha_{max}$,对应的运行轨迹长度

$$l_{max} = \frac{2\alpha_{max}}{360} \times 2\pi(h + r_E)$$

圆轨道上卫星的速度

$$v = \sqrt{\frac{\mu}{h + r_E}}$$

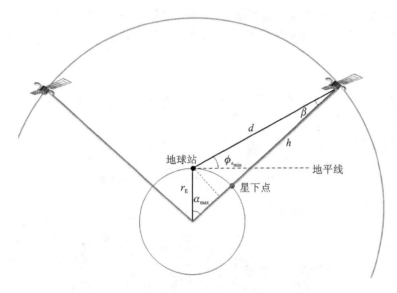

图 5　卫星与地球站可通信时间计算示意图

因此,最长可通信时间可以表示为:

$$t_{\max} = \frac{l_{\max}}{v} = \frac{\dfrac{2\alpha_{\max}}{360} \times 2\pi(h + r_E)}{\sqrt{\dfrac{\mu}{h + r_E}}} = \frac{2\alpha_{\max}}{360} \times 2\pi \times \sqrt{\frac{(h + r_E)^3}{\mu}}$$

卫星覆盖的最大半地心角

$$\alpha_{\max} = \arccos\left[\frac{r_E}{h + r_E}\cos\phi_{e_{\min}}\right] - \phi_{e_{\min}}$$

$$= \arccos\left[\frac{6\ 378}{1\ 414 + 6\ 378} \times \cos 20°\right] - 20° \approx 19.7°$$

最长可通信时间

$$t_{\max} = \frac{2 \times 19.7}{360} \times 2\pi \times \sqrt{\frac{(1\ 414 + 6\ 378)^3}{3.986 \times 10^5}}\ \text{s} \approx 749.2\ \text{s}$$

故全球星系统单颗卫星与地球站的可通信时间约为 749.2 s。

2. 解:自由空间传播损耗 $L_f \approx 92.44 + 20\lg d + 20\lg f$。

奥德赛系统中卫星和地球站工作在 Ka 频段。Ka 频段上行链路的工作频率约为 30 GHz,下行链路的工作频率约为 20 GHz。

上行链路的自由空间传播损耗为:

$$L_u \approx 92.44 + 20\lg 10\ 354 + 20\lg 30 \approx 147.4\ \text{dB}$$

下行链路的自由空间传播损耗为:

$$L_d \approx 92.44 + 20\lg 10\ 354 + 20\lg 20 \approx 145.6\ \text{dB}$$

3. 解：多普勒频移可表示为：

$$\Delta f = \frac{f \cdot v_T}{c}$$

卫星与地球站上行链路工作频率范围为 29.1～29.3 GHz，取工作频率为 29.3 GHz。

卫星瞬时速度为：

$$v = \sqrt{\frac{\mu}{r}} = \sqrt{\frac{\mu}{(r_E + h)}} \approx 7.46\ \text{km/s}$$

卫星和地球站之间的相对运动速度为：

$$v_T = v \cdot \cos\theta = 7.46 \times \frac{6\ 378}{6\ 378 + 780} \approx 6.65\ \text{km/s}$$

因此，卫星与地球站之间的多普勒频移为：

$$\Delta f = \frac{v_T \cdot f_T}{c}$$

$$= \frac{6.65 \times 29.3 \times 10^9}{3 \times 10^8} \approx 649.5\ \text{kHz}$$

参考文献

[1] 高丽娟,代健美,李炯,等. 卫星通信与 STK 仿真[M].北京:北京理工大学
出版社,2022.

[2] 国防科工委. 东方红一号卫星[EB/OL]. (2006 - 10 - 21). http://www.
gov. cn/ztzl/zghk50/content_419682. htm.

[3] 中国载人航天工程办公室.核心舱组合体运行轨道参数[EB/OL].(2023 - 04 -
24). http://www. cmse. gov. cn/gfgg/zgkjzgdcs/.

[4] 神舟五号载人航天飞行任务基本情况[EB/OL]. (2008 - 09 - 17). http://
www. cmse. gov. cn/fxrw/szwh/jchg_193/200809/t20080917_23552. html.

[5] 朱立东,吴廷勇,卓永宁. 卫星通信导论[M].4 版. 北京:电子工业出版
社,2015.

[6] 王丽娜,王兵. 卫星通信系统[M].2 版. 北京:国防工业出版社,2014.

[7] 郭庆,王振永,顾学迈. 卫星通信系统[M].北京:电子工业出版社,2010.

[8] 朱立东,李成杰,张勇,等. 卫星通信系统及应用[M].北京:科学出版
社,2020.

[9] 吕海寰,蔡剑铭,甘仲民,等. 卫星通信系统[M].北京:人民邮电出版
社,1994.

[10] 杨洁.通信原理学习指导[M].北京:电子工业出版社,2017.

[11] 雒明世,冯建利. 卫星通信[M].北京:清华大学出版社,2020.

[12] 夏克文.卫星通信[M].西安:西安电子科技大学出版社,2018.